U0385205

高职高专艺术设计专业规划教材·印刷

PREPRESS
PRODUCTION TRAINING
OF DIGITAL PRINTING

数码印刷印前制作实训

王威　靳鹤琳　等编著

中国建筑工业出版社

图书在版编目（CIP）数据

数码印刷印前制作实训 /王威，靳鹤琳等编著. —北京：中国建筑工业出版社，2014.10
高职高专艺术设计专业规划教材·印刷
ISBN 978-7-112-17316-7

I.①数…　II.①王…②靳…　III.①数字印刷–高等职业教育–教材　IV.①TS805.4

中国版本图书馆CIP数据核字（2014）第226532号

　　本书为高职高专印刷专业规划教材，针对数码印刷印前制作的实际操作流程，对常用平面设计和图文编辑软件制作印稿的正确方法、不同软件制作的印稿如何正确转换为 PDF 预印文件、PDF 拼版软件与不同装订形式的拼版方法、可变数据的编辑等方面进行系统讲解。教材中使用大量真实项目案例，使学习者可以真实、直观地进行学习，适用于高职高专印刷专业学生实训教学和数码印刷行业企业员工技能培训。

责任编辑：李东禧　唐　旭　陈仁杰　吴　绫
责任校对：陈晶晶　党　蕾

高职高专艺术设计专业规划教材·印刷
数码印刷印前制作实训
王威　靳鹤琳　等编著
＊
中国建筑工业出版社出版、发行（北京西郊百万庄）
各地新华书店、建筑书店经销
北京嘉泰利德公司制版
北京方嘉彩色印刷有限责任公司印刷
＊
开本：787×1092毫米　1/16　印张：8　字数：186千字
2014 年 12 月第一版　2014 年 12 月第一次印刷
定价：**48.00**元
ISBN 978-7-112-17316-7
　　　　　（26094）

"高职高专艺术设计专业规划教材·印刷"
编委会

总 主 编：魏长增

副总主编：张玉忠

编　　委：(按姓氏笔画排序)

序

2013 年国家启动部分高校转型为应用型大学的工作，2014 年教育部在工作要点中明确要求研究制订指导意见，启动实施国家和省级试点。部分高校向应用型大学转型发展已成为当前和今后一段时期教育领域综合改革、推进教育体系现代化的重要任务。作为应用型教育最基层的众多高职、高专院校也会受此次转型的影响，将会迎来一段既充满机遇又充满挑战的全新发展时期。

面对众多研究型高校转型为应用型大学，高职、高专作为职业技术的代表院校为了能够更好地迎接挑战，必须努力提高自身的教学水平，特别要继续巩固和加强对学生操作技能的培养特色。但是，当前职业技术院校艺术设计教学中教材建设滞后、数量不足、种类不多、质量不高的问题逐渐显露出来。很多职业院校艺术类教材只是对本科教材的简化，而且均以理论为主，几乎没有相关案例教学的内容。这是一个很大的问题，与当前学科发展和宏观教育发展方向是有出入的。因此，编写一套能够符合时代发展需要，真正体现高职、高专艺术设计教学重动手能力培养、重技能训练，同时兼顾理论教学，深入浅出、方便实用的系列教材就成为了当务之急。

本套教材的编写对于加快国内职业技术院校艺术类专业教材建设、提升各院校的教学水平有着重要的意义。一套高水平的高职、高专艺术类教材编写应该有别于普通本科院校教材。编写过程中应该重点突出实践部分，要有针对性，在实践中学习理论，避免过多的理论知识讲授。本套教材邀请了众多教学水平突出、实践经验丰富、专业实力雄厚的高职、高专从事艺术设计教学的一线教师参加编写。同时，还吸纳很多企业一线工作人员参加编写，这对增加教材的实用性和实效性将大有裨益。

本套教材在编写过程中力求将最新的观念和信息与传统知识相结合，增加全新案例的分析和经典案例的点评，从新时代的角度探讨了艺术设计及相关的概念、方法与理论。考虑到教学的实际需要，本套教材在知识结构的编排上力求做到循序渐进、由浅入深，通过大量的实际案例分析，使内容更加生动、易懂，具有深入浅出的特点。希望本套教材能够为相关专业的教师和学生提供帮助，同时也为从事此专业的从业人员提供一套较好的参考资料。

目前，国内高职、高专艺术类教材建设还处于起步阶段，还有大量的问题需要深入研究和探讨。由于时间紧迫和自身水平的限制，本套教材难免存在一些问题，希望广大同行和学生能够予以指正。

总主编　魏长增
2014 年 8 月

前　言

随着社会经济的飞速发展，行业分类逐渐细化，在市场竞争中，企业和个人对于展示自身优势的愿望更加强烈，传统印刷形式已经不能完全满足人们对印刷品快速、个性、经济的新需求，数码印刷则应运而生。

数码快印，又称短版印刷或数字印刷，它与输出过程复杂、以印数决定印刷成本的传统印刷的不同之处在于数码快印可以兼顾灵活性、经济性、个性化等特点。解决了原先难以解决的短版市场问题，开辟了"一对一"的个性化印刷、可变数据印刷等许多传统印刷实现不了的新的商业领域，可以说"传统印刷等于生产，数码印刷等于服务"，两者彼此配合，互为补充。

本套教材包括《数码印刷印前制作实训》、《数码印刷印后制作实训》两本。本书针对数码印刷印前制作的标准流程进行了完整的阐述。结合理论知识，运用真实项目，从实际操作入手，讲解精细，步骤简明，力求使读者在使用本书后，能够快速地掌握数码印刷印前制作的相关知识和操作技能。

在编写过程中，每位编写人员都发挥了重要的作用，付出了辛苦的努力，对于书中的每个知识点都进行了深入的推敲，并反复进行了修改与校对。在此感谢"中德—北方数码人才培训中心"对于本书编写框架制定工作的大力支持和帮助。

本书由王威、靳鹤琳、兰岚、牛津、李晨、谌骏参与编写。共188000字，其中王威编写50000字，靳鹤琳编写100000字，兰岚编写12000字，牛津编写11000字，李晨编写11000字，谌骏编写4000字。

目　录

概　述

1. 行业介绍

1993 年，中国第一家数码快印店——亚细亚图文快印在北京国贸大厦开张，迄今我国数码快印业已由最初外资企业一枝独秀，到现在的民营企业全面开花，走过了数码快印行业高速发展的初期投资阶段。

数码快印，又称短版印刷或数字印刷，它与传统印刷不同之处在于数码快印可以一张起印、边印边改，还可使图文以各种介质进行传播，大大提高了数码成像的商业运用范围。

数码快印就是利用印前系统将图文信息直接通过网络传输到数字印刷机上印刷出彩色印品的一种新型印刷技术。

数码快印系统主要是由印前系统和数字印刷机组成，有些系统还配上装订和裁切设备，其工作原理是：操作者将原稿（图文数字信息），或数字媒体的数字信息，或从网络系统上接收的网络数字文件输出到计算机，在计算机上进行创意、修改、编排成为客户满意的数字化信息，经 RIP 处理，成为相应的单色像素数字信号传至激光控制器，发射出相应的激光束，对印刷滚筒进行扫描。由感光材料制成的印刷滚筒（无印版）经感光后形成可以吸附油墨或墨粉的图文，然后转印到纸张等承印物上。

传统印刷比数字印刷工艺流程复杂。传统印刷工艺流程：原稿经电脑制作、输出分色软片、打样、拼版、晒 PS 版、上版、四色印刷。前后工序多，如果在这些过程中出现网点丢失或套色不准等问题，就会造成部分或全部返工。而数字印刷工艺流程只需原稿电脑制作和印刷两个工序。操作简便，从设计到印刷一体化，不需要软片和印版，无水墨平衡问题，一人便可完成整个印刷过程。

当前，数码快印市场主要有两个方面：一是个人消费，二是商业印刷。

对于个人消费来讲，数码快印不仅可以兼顾性价比、个性化，还可以寄托个人的情感，如摄影爱好者可以拥有自己的摄影作品集，可以印制自己设计的贺卡馈赠亲友，毕业生可以印出与众不同的简历。另外，通过数码快印还可以制作个性化年历、圣诞卡、贺年卡、纪念册、写真集等纪念品，既方便快捷又能节约成本。

对商业印刷而言，那些需要直邮印品、时效性印品、产品说明书、用户培训手册等的企业可以在数码快印店得到满意的解决方案，以体现产品品质、提高客户满意度，进而提高企业的竞争力。

由此可见，作为印刷这个大行业的一个充满机遇、挑战的朝阳细分领域，数码快印都值得投资人和从业者高度关注。

2. 专业知识

1）数码快印印前工作

数码快印作为图文的一站式服务中心，能够完成从设计制作到成品的全流程服务，所以对印前人员的综合能力要求较高，相对广告设计公司而言，需要了解更多的文件制作规范和印后工艺知识，而相对传统的拼版制作人员，需要对印前设计和制作进行更深入的学习。

但现在国内的大部分数码快印公司，并不能为顾客提供全方位的服务，而更多把精力集中在文件的拼版打印和后期工艺上，这样不仅局限了市场和客户范围，同时也给企业的盈利能力带来较大瓶颈，所以现在的快印企业对复合化的文件处理人才需求较为迫切，本书作为数码快印专业实训教材，将会对相关专业知识进行介绍，并且较详细地讨论设计稿制作、书册拼版、文件输出打印的基本知识和操作流程，但希望大家不要局限于本书的内容，从而对这个专业职业带来局限性的误解。

2）基础知识部分

（1）什么是像素

像素是数字图像的基本单元，一幅图像就是由许多像素组成的。同一幅图像像素的大小是固定的，图像的质量好坏只跟每英寸上像素的多少有关。像素的属性包括：像素尺寸、颜色、色深度、像素位置。像素尺寸与分辨率有关，分辨率越小，像素尺寸越大。每一个像素都要被赋予一个颜色值。像素位置指的是像素在图像上的水平或垂直坐标。

（2）什么是图像分辨率

我们知道，高分辨率的图像比相同大小的低分辨率的图像包含的像素多，图像信息也较多，表现细节更清楚，这也就是考虑输出因素确定图像分辨率的一个原因。由于图像的用途不一，因此应根据图像用途来确定分辨率。如一幅图像若用于屏幕显示，则分辨率为 72ppi 或 96ppi 即可；若用于 600 dpi 的打印机输出，则需要 150ppi 的图像分辨率；若要进行印刷则需要 300 ppi 的高分辨率才行。图像分辨率设定应恰当，若分辨率太高的话，运行速度慢，占用的磁盘空间大，不符合高效原则；若分辨率太低的话，影响图像细节的表达，不符合高质量原则。

（3）矢量图形与位图的区别

位图是由离散的点阵组成的。它将图像分解成一个个的像素，每个像素在空间上的位置是固定的，不同的是像素的颜色值不一样。图像的特性与分辨率关系密切，分辨率高，图像质量高，并且文件的所占存储空间大。当放大图像时，图像的质量会下降。矢量图形是由数字公式描述的。矢量图形是与分辨率无关的，无论放大到多大，其输出质量是同样的。我们可对矢量图形进行位置、尺寸、形状、颜色的改变，图形仍能保持清晰、平滑，丝毫不会影响其质量。矢量图形放大时，只不过是在电脑中描述的参数有所改变，并且同一图形所占存储空间是一样的。图像由图像处理软件来处理，而矢量图形则是由图形软件来绘制，常用的绘图软件有 Illustrator、CorelDraw 等。

（4）常用文件格式

① EPS 格式：Encapsulated PostScript 的缩写，是 PostScript 文件格式的一种，包含了

PostScript 指令，加以对文字、图像描述。EPS 格式的稳定程度高，在图像文件格式中占有重要地位。在图形、图像、排版软件中，都可存储或输出 EPS，分为 Pixel-Based 和 Text-Based 两种数据类型。PhotoShop 所存的是 Pixel-Based，再加上少量 Text-Based 语言，如剪裁路径（Clipping Path）信息；而绘图及排版软件，如 Adobe Illustrator 和 Macromedia FreeHand 所存的 Text-Based，也可包含 Pixel-Base 形式的图像。

② TIFF 格式：Tagged Image File Format 的缩写，由 Aldus 公司开发，是一种可压缩（LZW 无损压缩，不会造成颜色与层次损失）、跨平台的通用图像文件格式，色彩模式包括黑白、灰阶、RGB、CMYK。在桌面出版系统中，TIFF 和 EPS 是最受欢迎的图像文件格式，TIFF 也可像 EPS 存有 Clipping Path，但并非所有软件都支持（Adobe Pagemake 可以支持），所以我们建议在这种情况中不宜使用 EPS，另外 LZW 压缩格式，也不是所有软件和输出设备都能支持，因此必须小心使用。

③ JPEG 格式：Joint Photographic Experts Group 的缩写，是 Apple 公司的一项发明，是一种高度压缩的图像文件格式，但是会对图像的色彩层次造成损失，选择的压缩率越高，损失越大，应根据需要选择压缩程度。

④ PSD 格式：主要作为图像文件的一个中间过渡，用以保存图像的通道及图层等，以备以后再作修改。该格式通用性差，只有 PhotoShop 能使用它，很少有别的应用程序支持它。

⑤ PDF 格式：Portable Document Format 的缩写，即"便携文档格式"，它能确保文字、图像文件不受计算机软件环境的限制，成为一种易于交流的文件格式，广泛用于印前设计和网络出版。

（5）PDF 文件格式特点与优势

特点：

① PDF 是对文字图像数据都兼容的文件格式；

② PDF 是独立于各种平台和应用程序的高兼容性文件格式，PDF 文件可以使用各种平台之间通用的二进制（Binary）或 ASCII 编码，实现真正的跨平台作业，可以传送到几乎任何平台上；

③ PDF 是文件、图像的压缩文件格式，文件的存储空间很小，非常适宜网上快速传输，可以通过电子邮件快速发送，在电子出版业的应用前景广阔；

④ PDF 具有字体内嵌、字体替代和字体格式的调整功能，PDF 文件浏览不受操作系统、网络环境、应用程序的版本、字体的限制；

⑤ PDF 设有 Plug-in 接口结构，可通过 Plug-in 方便地集成，增加新的功能；

⑥可以使用 Lotus Notes 数据库建立 PDF 文件数据库和有效进行电子文件数据管理。

优势：

①通常 PDF 文件中使用的字体是内置于 PDF 文件之中的，每有一种内置字体会增加 30~40K 的文件容量。字体可以按需置入的方式出现，也就是只把文件中使用的字体置入 PDF 文件中，这种方式的容量较小，但后期编辑中会受到限制；

② PDF 文件提供几种压缩技术使文件量缩小，因此更适合电子传输，通过压缩文字图形和图像优化文件量，经过压缩的 PDF 文件量可以达到原文件的 1/3，而且不损失信息；

③每一个页面都是独立的，其中一页的损坏和错误，不会导致其他页面无法解释，只需要重新生成一页即可；

④ PDF 文件可使用 Adobe Acrobat 软件进行阅读、修改、打印的操作，反观 PostScript 是无法进行编辑处理操作的。

（6）常用色彩模式

① RGB 模式：又称为 RGB 空间。它是一种色光表色模式，广泛用于我们的生活中，如电视机、计算机显示屏、幻灯片等都利用色光来呈色。印刷出版中常需扫描图像，扫描仪在扫描时首先提取的就是原稿图像上的 RGB 色光信息。RGB 模式是一种加色法模式，通过 R、G、B 的辐射量，可描述出任一颜色。计算机定义颜色时 R、G、B 三种成分的取值范围是 0~255，0 表示没有刺激量，255 表示刺激量达最大值。R、G、B 均为 255 时就合成了白光，R、G、B 均为 0 时就形成了黑色。在显示屏上显示颜色或进行颜色定义时，往往采用这种模式。图像如用于电视、幻灯片、网络、多媒体，一般使用 RGB 模式。

② CMYK 模式：又称 CMYK 色空间。对从事印刷业的人员来说，CMYK 是最熟悉不过了。这种模式是一种减色模式，遵循减色法混合规律。CMYK 模式实质指的是再现颜色时印刷的 C、M、Y、K 网点大小，因此 C、M、Y、K 的数值范围在 0%~100%。C0%、M0%、Y0%、K0% 表示白色，C100%、M100%、Y100%、K100% 表示黑色。

③ Lab 模式：L 表示亮度（0~100）；a 表示红色到绿色范围的变化分量（-120~+120）；b 表示蓝色到黄色范围的变化分量（-120~+120）。Lab 的色域空间大于 RGB 与 CMYK 模式，因此它能包含 RGB 与 CMYK。

④专色：指在印刷时，不是通过印刷 CMYK 四色合成的颜色，而是专门用一种特定的油墨来印刷该颜色。专色油墨是由印刷厂预先混合好或是油墨厂生产的。对于印刷品的每一种专色，在印刷时都有专门的一个色版对应。使用专色可使颜色更准确，尽管在计算机上不能准确地表示颜色，但通过标准颜色匹配系统就能创建很详细的色样卡。

对于设计中设定的非标准专色颜色，印刷厂不一定准确地调配出来，而且在屏幕上也无法盾到准确的颜色，所以若不是特殊的需要就不要轻易使用自己定义的专色。

在由 RGB 转为 CMYK 时，有些颜色，如蓝色变化较明显，遇到这种情况如何处理。RGB 模式图像中某些鲜艳的颜色，如蓝色，如果其色饱和度很高，那么在分色操作 RGB-CMYK 时，会在屏幕上看到明显的颜色变化。原先艳丽的蓝色突然变为暗淡灰蒙蒙的颜色。这是因为这些蓝色已经超过了 CMYK 的色域。遇到这种情况时，应该尽量地把颜色调节得鲜艳些，使这些颜色比较纯。

（7）常用印刷术语

原稿（original）：制版所依据的实物或载体上的图文信息。

实物原稿（object original）：复制技术中以实物作为复制对象的总称。

文字排版（text composition）：将文字原稿依照设计要求组成规定版式的工艺。

印刷字体（printing type face）：供排版印刷用的规范化文字形体。

行距（line space）：字行之间的距离。

横排（horizontal setting of types）：字符横向顺序排列成行的排版格式。

竖排（vertical setting of types）：字符由上而下竖向排列成行的排版格式。

磅（point）：是字体排版之量度单位，英文字母最小单位，1 英寸分 72 单位磅。

级：光学照排时代是指文字大小，4 级为 1mm。

汉字编码（encoding of chinese characters）：以汉字字形或读音为基础，用数码及拉丁字母组合代表每一个汉字，供计算机排版及汉字信息处理的文字代码。

字号（type size）：是指字体大小的称谓，最大特号字 72 磅，最小 8 号字 5 磅。

背题（bottom line title）：禁止将某一级次的标题排于版末，题下无正文行的排版禁则。

标题级序（title series）：标题大小及层次顺序的排列，排版时同一级序标题的字体字号及规格要统一。

串文（illustration and text juxtaposed setting）：在标题、插图、表格一侧排入正文。

齐头（flush）:版面排位的指令，以字首作基准线，延伸到拼版、装订，指以版头位为基准。

散尾：文字排版的一种，只求字距统一，不求行末文字齐整。

版面（type area）：印刷成品幅面中图文和空白部分的总和。

版心（type page）：印版或印刷成品幅面中规定的印刷面积。

版口（margins）：版心边沿至成品边沿的空白区域。

天头（head margin）：版心上边沿至成品边沿的空白区域。

地脚（foot margin）：版心下边沿至成品边沿的区域。

版式（page layout）：出版物的组合设计要求。

图像锐化（image sharpening）：一种图像处理方式，不会增加任何细节信息，但提高了描述对象边缘的对比，使之看起来更为明显。

色彩还原（color rendition）：原稿色彩和复制品色彩之间色调再现的关系。

色彩管理（color manage）:整个流程中色彩统一的校正工作，包括色彩校正、定标和转换。

网点（halftone dot/screen dot）：组成网点图像的像素，通过面积或墨量变化再现原稿浓淡效果。

网点形状（screen dot shape）：网点的几何形态，有方形、圆形、链条形和线条形等。

网线角度（screen angle）：网点中心连线与水平线的夹角。

反差（contrast）：原稿和复制品中最亮和最暗部位的密度差。

层次（gradation）：图像上从最亮到最暗部分的密度等级。

阶调（tone）：图像信息还原中，一个亮度均匀的面积的光学表现。

实地（solid area）：没有网点的色块面积，通常指满版。

反白（reverse type）：文字或线条用阴纹来印刷，露出的是纸白。

撞网:调幅网分色工艺，网点角度分配出错，或每一网角距离小于 25°，龟纹就开始明显。

中间调（middle tone）：画面上介于亮调和暗调之间的阶调。

低调（shadow）：是指图片阴暗，或称暗调。

曝光（exposure）：用光照射感光涂层，以获得一种潜在或可见图像的过程。

定影（fixing）：用化学药品去除感光涂层中未曝光或未还原的物质，如卤化银，使图文固定的过程。

涂布（coating）：在工件，如版材上涂覆涂料的生产过程。

PS 版（pre-sensitized plate）：预涂感光版的缩写。

印版长度（plate length）：与印版宽垂直边的尺寸（沿滚筒圆周的边）。

拼版（make-up）：将文字、图表等依照设计要求拼组成版。

打样（proofing）：从拼组的图文信息复制出校样。

直接数字彩色打样（direct digital color proofing，缩写为 DDCP）：直接从数字文件生成图像，用不同的连续调或误差扩散技术来复制样张，实现与最终印刷品的色彩和色调匹配。

陷印（trapping）：补偿两种相邻颜色之间潜在间隙的技术。

软件 RIP（soft raster image processor）：一种担负图像转换的优化软件。

光晕（halation）：光在乳剂内散射或在片基上反射所形成的一种现象。

龟纹（moire）：由于各色版所用网点角度安排不当等原因，印刷图像出现不应有的花纹。

露白或漏白：印刷用纸多为白色，印刷或制版时，该连接的色不密合，露出白纸底色。

白场（white point）：图像中最高的色调点，所有的值都会比这个阈值显示的白点，看上去更灰。

3. 作业流程

1）数码印刷印前制作流程图

数码印刷的印前制作的基本流程，如图 0-1 所示。

2）印制可行性判定与设定文件制作思路的关键点

（1）确认装订方式；

（2）确认文件页数；

（3）确认文件成品尺寸；

（4）确认文件排列顺序、方向及正背关系；

（5）确认文件色彩模式；

（6）确认文件输出材质；

（7）确认文件特殊要求；

（8）确认印刷套数。

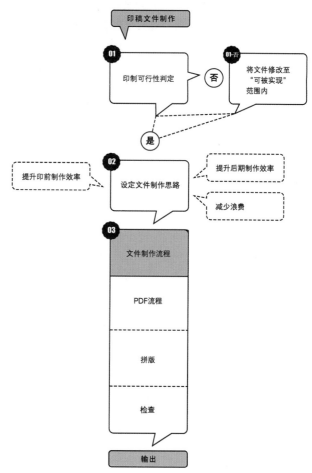

图 0-1　数码印刷印前制作流程图

项目一　PhotoShop 印稿制作实训

项目任务

使用 PhotoShop 软件完成以下任务：

1）建立明信片档，文件尺寸为成品尺寸加出血尺寸；

2）设置辅助线，规划出血位置和正文有效内容区域；

3）设计版式，完成明信片正面和反面的版式设计。

通过本项目的实训，使学生掌握使用 PhotoShop 软件进行制作明信片的正确设计方法与制作流程。

重点与难点

1）正确辨别成品尺寸与带出血尺寸，建立文档时不出现尺寸错误；

2）重要内容不能制作在出血范围内或离出血位置太近，否则在后期裁切时会被裁掉；

3）需要出血的位置不能遗漏，裁切线标记位置要准确，否则会出现露白边的现象；

4）文档色彩模式应为 CMYK，否则会造成输出错误；

5）为保证后期输出打印的清晰度，分辨率应选择 300ppi。

建议学时

8 学时。

1.1　明信片正面制作

本项目制作的明信片，成品尺寸为 171mm×108mm，根据数码印刷明信片的印刷与印后工艺的需要，每个页面的四个边都需设置 3mm 的出血，即印稿尺寸应为 177mm×114mm。

1.1.1　设定文件页面规格与出血尺寸

打开 PhotoShopCS6 软件，点击菜单栏中的"文件 – 新建"，如图 1-1 所示。新建文件，命名为"明信片 – 瑞士正面"，大小为 177mm×114mm，分辨率为 300ppi，颜色模式选择 CMYK，其他设置选择默认数值，如图 1-2 所示。

新建参考线，点击菜单栏中的"视图 – 新建参考线"，如图 1-3 所示。打开新建参考线对话框，设置参数，如图 1-4 所示，垂直方向分别设置参数为 3mm 和 174mm；水平方向设置参数为 3mm 和 111mm。用相同的方式新建参考线，垂直方向设置 8mm 和 169mm，水平方向设置 8mm 和 98mm，如图 1-5 所示，完成参考线设置。

图 1-1　新建文件

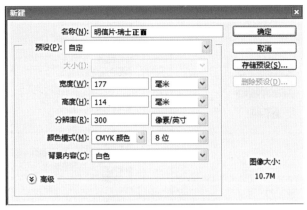

图 1-2　设置新建文件参数

图 1-3　新建参考线

图 1-4　设置参考线参数

图 1-5　参考线设置完成

1.1.2　明信片版式制作

点击菜单栏中的"文件 – 打开"，找到存放素材图片的文件夹，如图 1-6 所示。打开素材图片"瑞士 .jpg"，如图 1-6 所示，然后选择工具栏中的"矩形选框工具"，框选瑞士图片全图，然后将图片复制粘贴到"瑞士 .psd"文件中，得到图层 1，点击"编辑 – 变化 – 缩放"命令将图片缩小，使其能适应整个画布，如图 1-7 所示。

为图层 1 创建剪切蒙版。新建图层 2,用"矩形选取工具",建立如图 1-8 所示的矩形区域，并填充黑色。变化图层 1 和图层 2 的图层顺序，然后选择菜单栏中的"图层 – 创建剪切蒙版"，如图 1-9 所示，最终效果如图 1-10 所示。

调整图片色彩。点击菜单栏中的"图层 – 新建调整图层"命令,如图 1-11 所示。建立"色阶调整图层"，参数如图 1-12 所示。修改"色相 – 饱和度"，调整参数如图 1-13(1)、图 1-13(2)、

图 1-6　打开素材图片

图 1-9　创建剪切蒙版

图 1-7　将素材图片缩放到适当大小

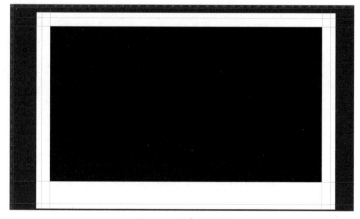

图 1-8　创建新图层

图 1-10　创建剪切蒙版效果图　　　　　　　　　　　　　　图 1-12　色阶调整图层参数

图 1-11　建立新建调整图层

图 1-13（1）
色相-饱和度-黄色

图 1-13（2）
色相-饱和度-绿色

图 1-13（3）
色相-饱和度-蓝青色

图 1-13（4）
色相-饱和度-蓝色

图 1-14   调色效果图

图 1-15   添加文字

图 1-13（3）、图 1-13（4）所示。最终调色效果，如图 1-14 所示。

　　添加文字效果。打开工具栏的文字命令，输入文字，最终效果如图 1-15 所示。

1.2   明信片背面制作

1.2.1   设定文件页面规格与出血尺寸

　　打开 PhotoShop CS6 软件，点击菜单栏中的"文件 – 新建"。新建文件，命名为"明信片 – 瑞士背面"，大小为 177mm×114mm，分辨率为 300ppi，颜色模式选择 CMYK，其他设置选择默认数值。

新建参考线，点击菜单栏中的"视图 – 新建参考线"，设置参数，垂直方向分别设置参数为 3mm 和 174mm；水平方向设置参数为 3mm 和 111mm，如图 1–16。

1.2.2　明信片版式制作

制作红蓝条：

新建图层 1，选择工具栏中的"矩形工具"，如图 1–17 所示。

绘制宽度 80mm，高度 40mm 的矩形路径，然后点击菜单栏中的"编辑 – 变换路径 – 斜切"，效果如图 1–18 所示。

接下来为路径填充颜色，将前景色设置为 C34、M100、Y100、K1，背景色设置为 C100、M98、Y45、K1，用鼠标再次点击工具栏中的"矩形工具"，然后在画布上点击鼠标右键，弹出菜单栏，选择"填充路径"，填充前景色 – 红色。新建图层 2，用相同的方法制作蓝色图形。多次复制图层 1 和图层 2，用移动工具移动新复制的图层，得到的效果如图 1–19 所示。

图 1–17　选择矩形工具

图 1–16　设置参考线留出出血

图 1–18　绘制路径

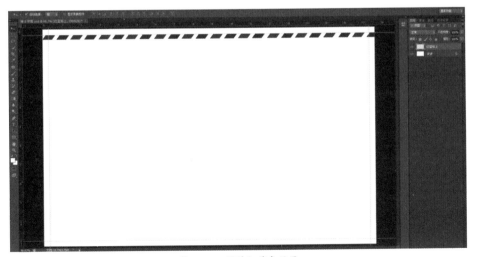

图 1–19　制作红蓝条效果

图 1-20　制作红蓝条效果

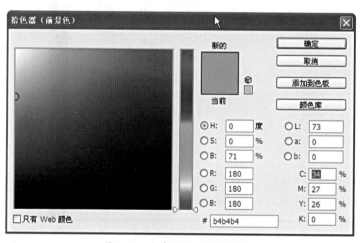

图 1-21　新建图层—设置前景色

在图层面板中点选除背景图层外的所有图层，用快捷方式 Ctrl+E 合并选中的图层，将图层名字改为"红蓝条上"。复制一个"红蓝条上"图层，用移动工具移动到画布下方，并且将图层名字修改为"红蓝条下"，如图 1-20 所示。

制作邮票：

新建图层，命名为邮票。将前景色设置为灰色，数值如图 1-21 所示。选择工具栏中的矩形选区工具，拉出矩形蚂蚁线，填充为前景色，如图 1-22 所示。

点击工具栏中的画笔工具，并且用快捷方式 F5 调出画笔面板，调节参数，如图 1-23 所示。

新建图层 1，按住 Shift 键用画笔工具沿着矩形蚂蚁线画点状边线，如图 1-24 所示。按 Ctrl+D 键取消选区，按住 Ctrl 键的同时用鼠标点击图层 1，选中刚刚绘制的点状边线，然后选中邮票图层，按住 Delete 键删除选中的部分，按 Ctrl+D 键取消选区，并且删除图层 1，得到最终效果，如图 1-25 所示。

图 1-22　建立选区—填充前景色

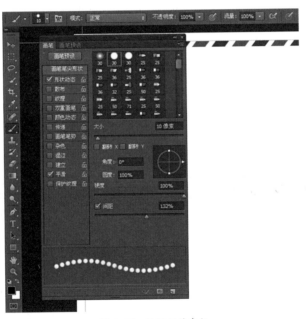

图 1-23　设置画笔参数

图 1-24　沿蚂蚁线描边

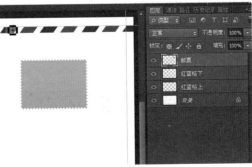

图 1-25　邮票效果

　　用路径工具绘制邮编框和横线。点击工具栏中的"矩形工具"，设置参数如图 1-26 所示，复制矩形 1 图层，并移动复制的图层到相应位置。点击工具栏中的"直线工具"绘制横线，效果如图 1-27 所示。

　　添加文字。完成最终效果，如图 1-28 所示。

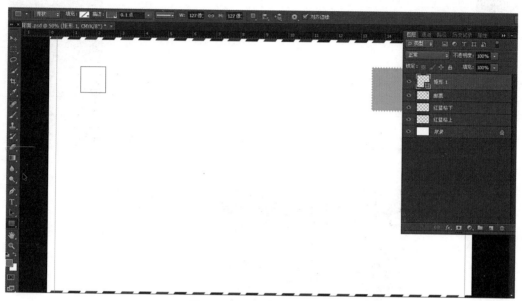

图 1-26　用矩形工具绘制矩形

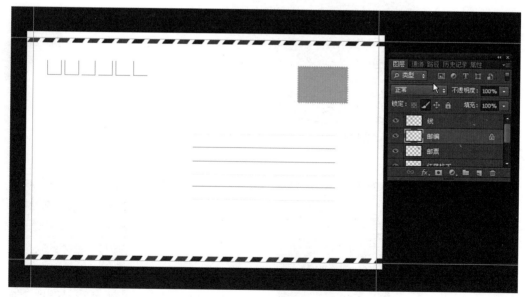

图 1-27　绘制横线

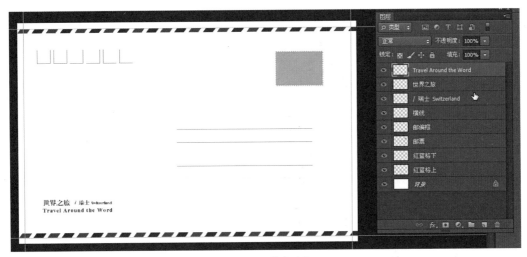

图 1-28　最终效果

项目小结

1）明信片的实际尺寸为 171mm×108mm，但是在实际制作过程中会预留出 3mm 的出血，便于后期剪裁，所以制作的尺寸最终为 177mm×114mm；

2）重要内容不可在出血范围内，也不可离出血太近；

3）由于我们制作的明信片要进行后期的打印制作，所以颜色模式应该选择用于印刷的 CMYK 模式。一般为保证后期输出打印的清晰度，分辨率选择 300ppi。

课后练习

利用素材图片，按照例题中的方法制作其他三张明信片，效果如图 1-29、图 1-30、图 1-31 所示。

图 1-29　课后练习（1）

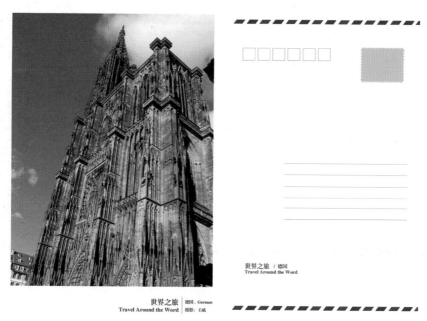

图1-30　课后练习（2）

图1-31　课后练习（3）

项目二　Illustrator 印稿制作实训

项目任务

使用 Illustrator 软件完成以下任务：

1）建立书册页面文档，文件尺寸为成品尺寸加出血尺寸；

2）设置辅助线，规划出血位置和正文有效内容区域；

3）设计版式，进行图文混排；

4）正确存储文件。

通过本项目的实训，使学生掌握使用 Illustrator 软件进行"骑马钉"装订书册的正确设计方法与制作流程。

重点与难点

1）对于出血的概念的理解和运用，在制作文件时一定要了解文件设置时的出血位置；

2）由于装订形式的不同，针对具体的装订形式有不同的出血要求；

3）版式中文字的位置不宜放置的太靠近出血区域，以免显得文字太靠边，视觉不舒服；

4）注意人像照片的摆放位置不要放在装订线上，以免文件对折后有压到人脸的情况。

建议学时

8 学时。

2.1　设定页面规格与出血尺寸

本项目制作的"骑马钉"装订书册，内页成品尺寸为 414mm × 291mm。根据数码印刷"骑马钉"装订书册的印前与印后工艺的需要，每个页面的四个边都需设置 3mm 的出血，即印稿尺寸应为 420mm × 297mm（A4 幅面）。注意骑马钉的书册内页是两页内页合编在一张纸上的，因为文件最后会对折装订，所以成品内页尺寸是实际内页的两倍，所以两页内容合在一起编排成一大张，即内页成品尺寸，出血则按成品尺寸计算。

打开 Illustrator 软件，点击菜单栏中"文件 – 新建"，打开"新建文档"对话框，参数如图 2-1 所示。点击确定按钮创建工作页面，如图 2-2 所示。

在菜单栏里点击"视图"菜单，选择"标尺"选项中的"显示标尺"命令，如图 2-3 所示。然后通过标尺设计出画面居中的垂直辅助线在 207mm 的位置，即"骑马钉"装订线，具体参数如图 2-4 所示。

图 2-1　设置"创建新文档"对话框参数

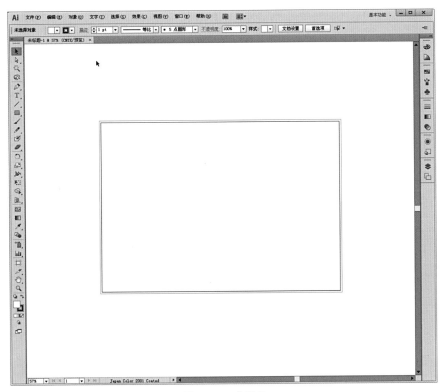

图 2-2　工作页面

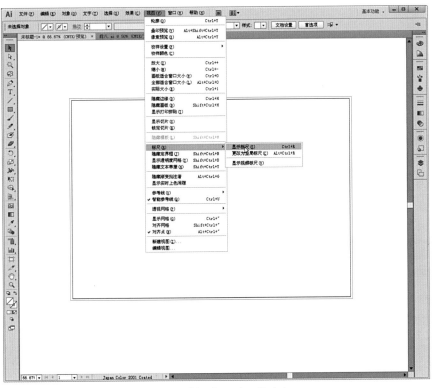

图 2-3　选择"显示标尺"命令

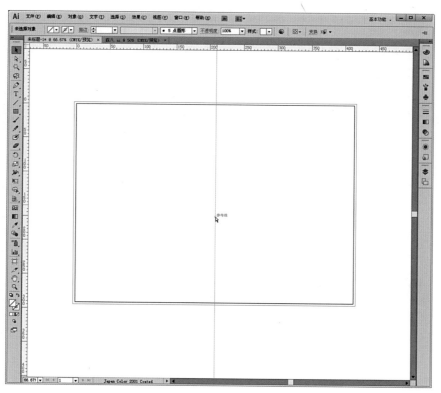

图 2-4　设置垂直辅助线参数

2.2　页面版式制作

本项目制作的"骑马钉"装订书册内页为 8 页，由于篇幅限制在此仅以两页具有代表性的版式制作过程作为范例。

开始排版前为了规范每页内容的位置，保证页面内的有效内容距页边的距离不会太近，避免导致在后期裁切时出现有效内容被裁切的情况发生，我们规定页面中有效内容距上下页边距离为 20mm，距左右页边距离为 20mm，如图 2-5 所示。

在画好边距的位置选择"文字"工具，并设置文字输入的文本框，将已有的文字复制粘贴到文本框内，并在"文字"面板设置好参数，如图 2-6 和图 2-7 所示，然后编辑文本框将标题标注红色，并居中对齐放大字体，如图 2-8 和图 2-9 所示。

将需要的图片文件拖拽到内页中，如图 2-10 所示，然后为了修饰图片的美观，将图片设计成圆角框。先设计一个圆角矩形，然后覆盖在图片上，全选后按"Ctrl+7"给图片做了圆角矩形的蒙版，如图 2-11 和图 2-12 所示。

将需要的图片放到内页编辑区域，用同样的方法进行修饰边框，然后将同一排的图片统一居上对齐，如图 2-13 所示。并在对应的图片下面放上相应的示意文字，并把文字按照对应的图片居中对齐，如图 2-14 所示。

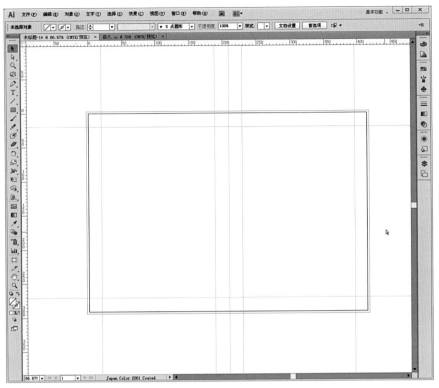

图 2-5　建立边距

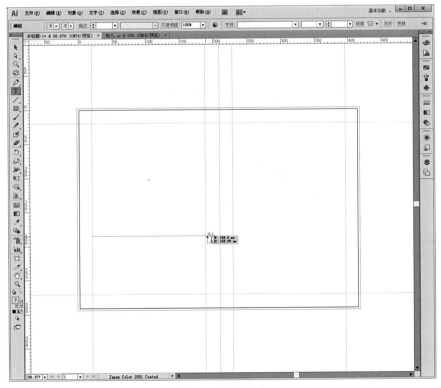

图 2-6　建立文本框

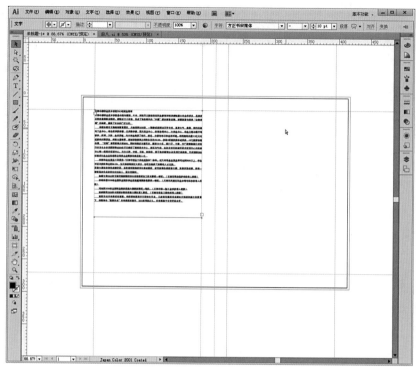

图 2-7　复制粘贴文字到文本框

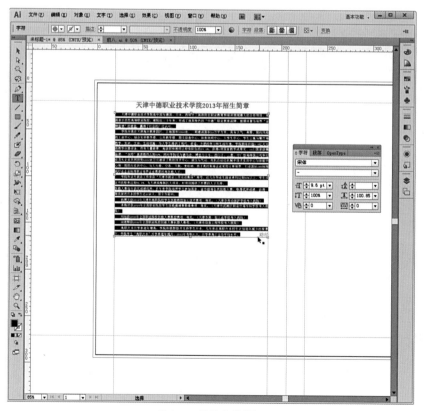

图 2-8　运用文字面板

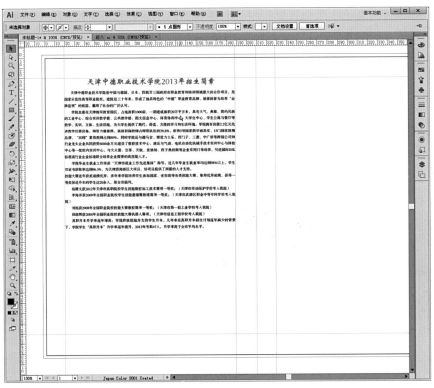

图 2-9　编辑文本样式

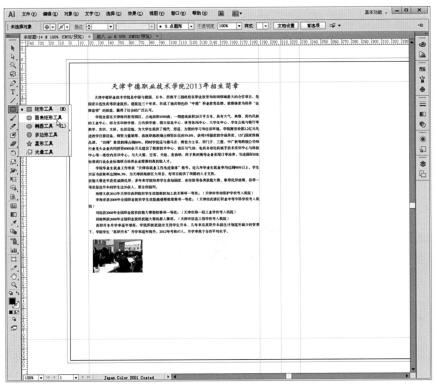

图 2-10　拖拽图片

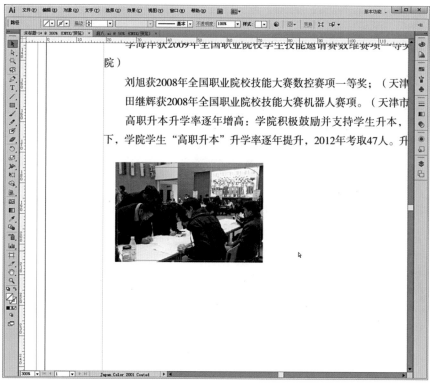

图 2-11   设计矩形选框

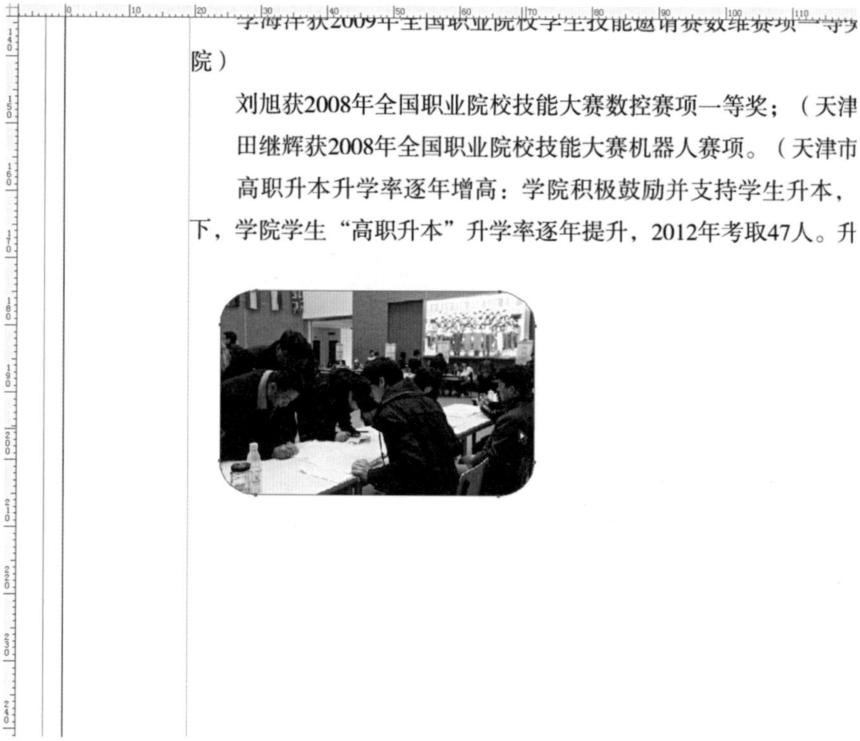

图 2-12   制作矩形蒙版

图 2-13　图片居上对齐

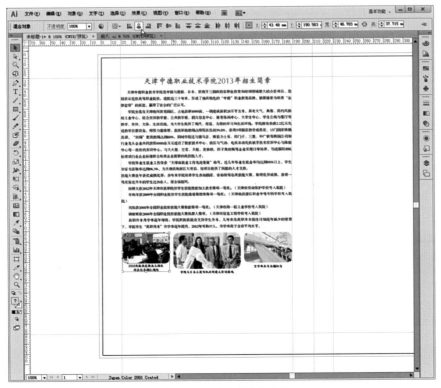

图 2-14　示意文字居中对齐

　　用同样的方法将这页要编排的文字都放到内页编辑区域，并把图片和文字编排好，如图 2-15 所示。

　　最后，将背景图片放置到页面的最下方，并放大到出血线的区域，如图 2-16 所示，并放置到页面的最底层，这样一页设计稿便制作完成了，如图 2-17 所示。

　　下面介绍"骑马钉"装订书册的对折页的版式设计，亦用同样的方法将文字放置到设计好的文本框内，并编辑不同段落的字体信息，如图 2-18 所示。

　　在大段文字中设计每小段落前的一个特殊样式，将文字粘贴到页面内，然后选择"钢笔"工具设计出一个几何图形，如图 2-19 和图 2-20 所示。按"Ctrl+["将图案放置文字下一层，并将文字填充为白色，与几何图形居中对齐，如图 2-21 和图 2-22 所示。

　　用此方法将下面文字设计出来，同时将选用的图片也一起编排在这页的下方空白区域，如图 2-23 和图 2-24 所示。

　　最后，整个对页便制作完成了，如图 2-25 所示。

图 2-15　完成图片设计编排

图 2-16　放置背景图片

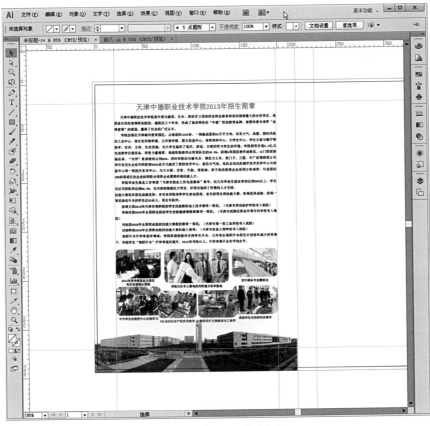

图 2-17　第一页设计稿成稿

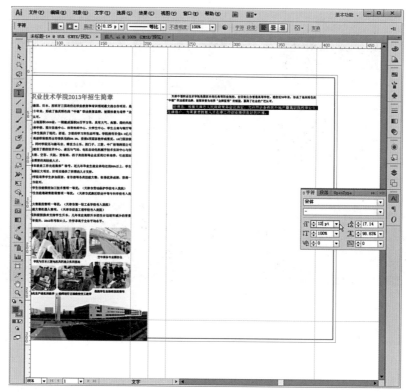

图 2-18　置入并编辑文字

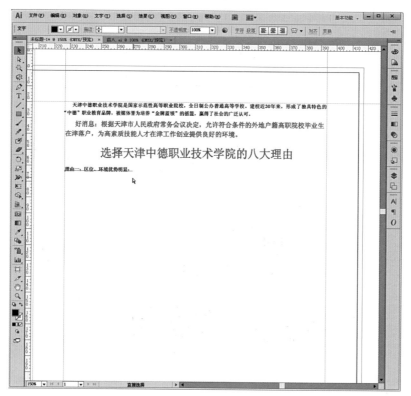

图 2-19　粘贴文字

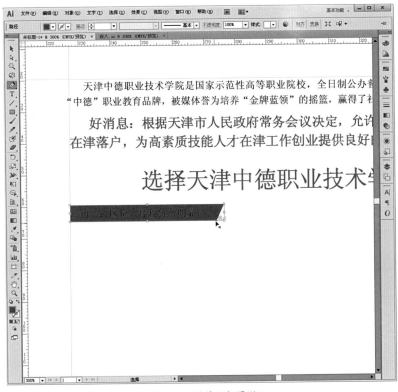

图 2-20　设计几何图形

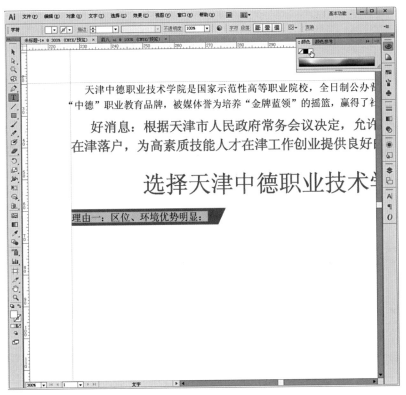

图 2-21　给文字换色

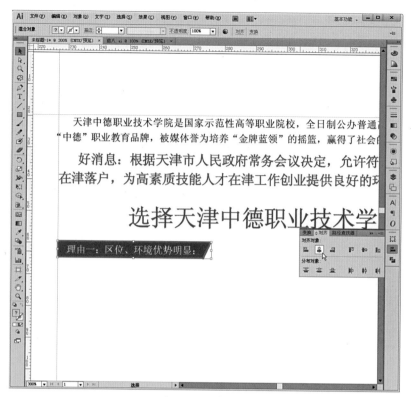

图 2-22　居中对齐

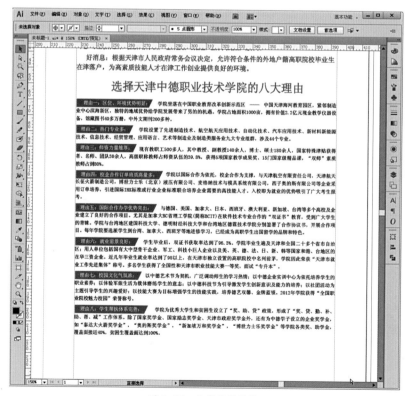

图 2-23　文字编排设计

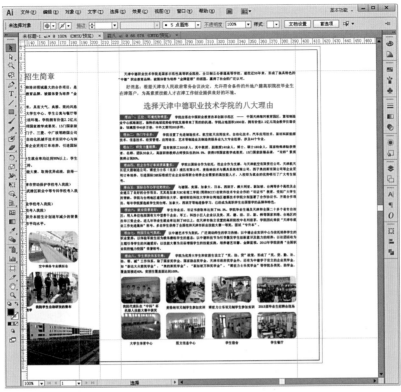

图 2-24　图片编排设计

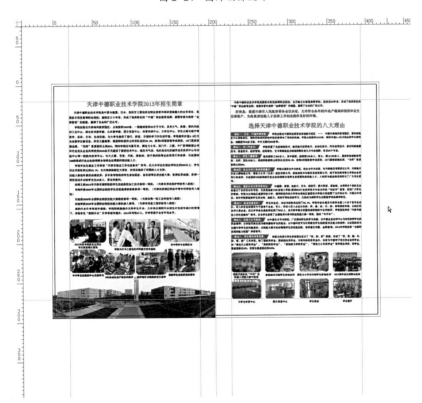

图 2-25　对页完成稿

2.3　存储文件

将制作完成的文件进行存储，在菜单栏里选择"文件"菜单里的"存储"命令，然后将文件编辑好名字并放到指定的文件夹里，如图 2-26 和图 2-27 所示。

图 2-26　"存储"命令

项目小结

1）建立书册内页文档时，要明确成品尺寸与带出血尺寸；

2）重要内容不可在出血范围内，也不可离出血太紧；

3）仔细分析书册内页哪里需要设置出血，不要遗漏；

4）明确"骑马钉"装订书册的设计是两页拼版在一页纸上的，所以一张设计稿上有两张成品书页。

课后练习

使用 Illustrator 软件制作一本 16 页的 207mm×291mm 的"骑马钉"装订书册。

图 2-27　存储文件

项目三　InDesign 印稿制作实训

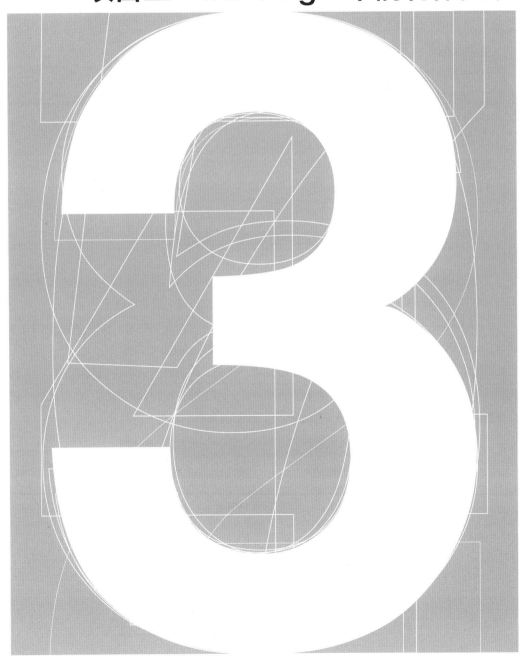

项目任务

使用 InDesign 软件完成以下任务：

1）建立书册内页文档，为文件设置页码数量、尺寸及出血尺寸；

2）设置边距和分栏，规划正文有效内容区域；

3）设计版式，进行图文混排；

4）对文件进行打包，防止链接图丢失；

5）使用 Illustrator 制作胶装封面。

通过本项目的实训，使学生掌握使用 InDesign 软件进行数码印稿的正确设计方法与制作流程。

重点与难点

1）软件在建立书册文档之初须妥善设置一切书册尺寸及出血；

2）文档制作中，出血图须放置到裁切线外、出血线内，保证后期制作的顺利；

3）文档制作完成后须保证链接图全部保持链接，然后进行打包，防止图片丢失；

4）制作胶装封面时需要预估书册厚度并设置出血。

建议学时

8 学时。

3.1 设定页面规格与出血尺寸

本项目制作的胶装书册，内页成品尺寸为 145mm×145mm。根据数码印刷胶装书册的印刷与印后工艺的需要，页面需要设置 3mm 的出血，以方便后期的裁切与制作。

打开 InDesign 软件，点击菜单栏中"文件–新建"，打开"新建文档"对话框，参数如图 3-1 所示。设置完成后点击"更多选项"按钮，进行出血设置，如图 3-2 所示。

完成以上工作后点击右下角的"边距与分栏"按钮，对边距与分栏进行设置，由于在具体的设计中，分栏可以在"版面"菜单下随时调整，而边距在极特殊的情况下也可以分页进行单独调整，因为我们仅进行初步的设置即可，如图 3-3 所示。

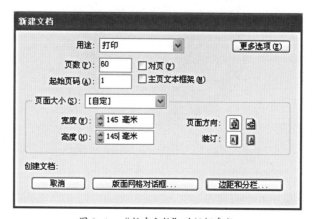

图 3-1 "新建文档"对话框参数

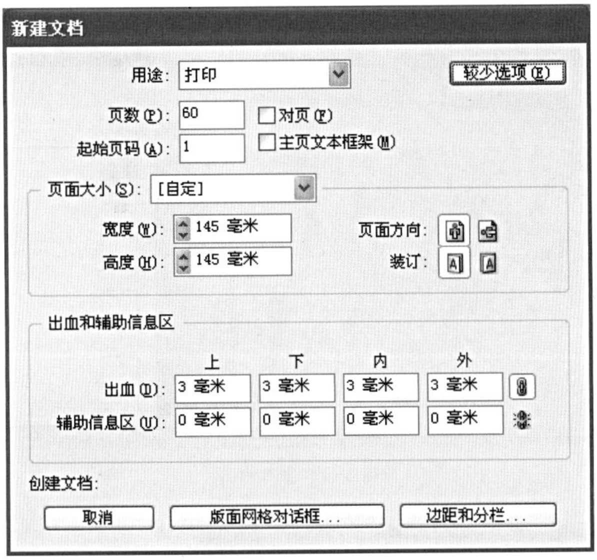

图 3-2 设置出血尺寸

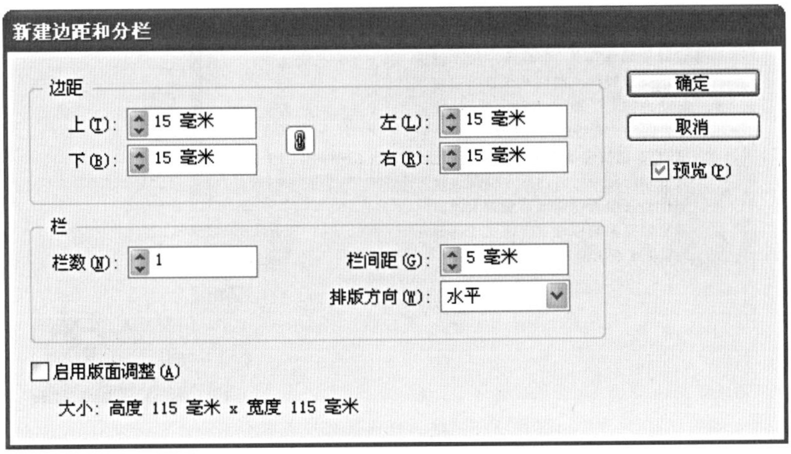

图 3-3 设置"边距和分栏"

如果边距的上下和左右尺寸想设置的不同，可以将命令中的锁链点开，即可设置不同的边距。

3.2 内页版式制作

在 Adobe 系列设计软件中，由于 InDesign 的图形制作能力不如 Illustrator 出众，而排版能力优于 Illustrator，因而我们将大量的图形设计放在 Illustrator 中进行，在 InDesign 中仅进行排版设计。

使用菜单栏中"文件 – 置入"命令，将在 Illustrator 中已制作好并导出的 JPEG 图置入到 InDesign 中，注意要将图片放到裁切线外、出血线内，以方便印后制作，如图 3-4 所示。

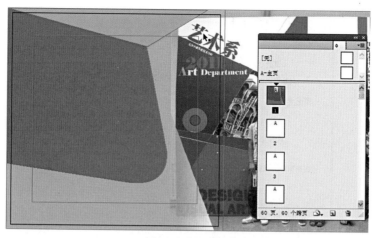

图 3-4　置入内页

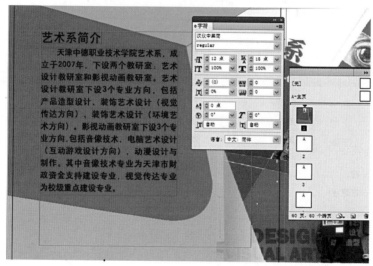

图 3-5　建立说明性文字文本

使用文字工具在页面上画出文本框，将所需要的说明性文字打在相应的位置，注意应该在边距以内进行排版，同时选择文字字号为：标题 18 点、正文 12 点；字体为："汉仪中黑简"字体；行距为：18 点，如图 3-5 所示。

使用置入命令，将文件第二页、第三页、第四页置入到文档中，如图 3-6 所示。

点击"页面"面板，选择相应的数字进行双击，进入到数字所对应的页面，对图片位置进行微调，如果有出血图效果，一定要将图片放置到裁切线以外，方便后期制作，如图 3-7 所示。

第四页文字内容较多，我们将它设置为一个纯色底图以方便阅读。选择"矩形工具"沿出血线画满整个页面并点击"填色"键对矩形填充颜色"C=50、M=0、Y=20、K=0"，如图 3-8 所示。

点击"版面菜单 – 边距和分栏"设置页面为双栏，栏间距 5 mm，使页面设计稍具变化，如图 3-9 所示。

图 3-6　再次置入内页

图 3-7　编辑图片位置

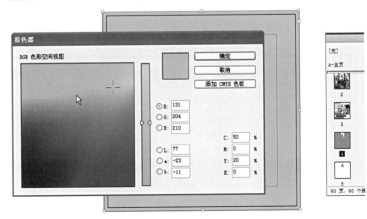

图 3-8　为页面填充颜色

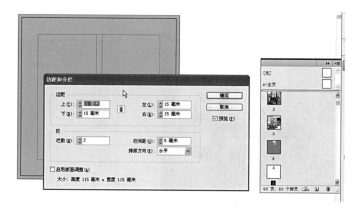

图 3-9　设置页面分栏为两栏

图 3-10　调整文字设置

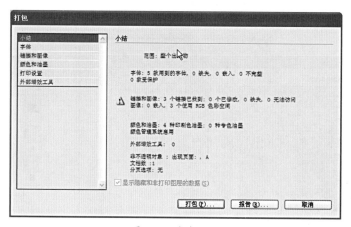

图 3-11　打包设置

使用文字工具在页面上画出文本框，将所需要的说明性文字打在相应的位置，注意应该在边距以内进行排版，同时选择文字字号为：正文 9 点；字体为："Arial"字体；行距为：16 点，如图 3-10 所示。

文档正文设计完成后，为了防止文件丢失链接，我们使用 InDesign 的打包功能，将所有的图片、字体及制作文件生成为一个新的文件夹，方便使用或移动。

首先点击"文件 – 打包"命令，针对弹出的"打包"对话框进行详细设置，如图 3-11 所示。

注意查看小结选项下的"链接和图像"部分，有没有丢失的链接，如果有丢失的链接需要在"链接"面板进行重新链接，如果没有则点击"打包"按钮。

在"打印说明"页面直接点击"继续"按钮，如图 3-12 所示。

在"打印出版物"对话框中，选择要存储打包文件的位置，本实例选择为"桌面"并将文件夹名称设置为"胶装打包"文件夹，勾选"复制字体"、"复制链接图形"、"更新包中的图形链接"三个选项，点击"打包"按钮，完成打包，如图 3-13、图 3-14 所示。

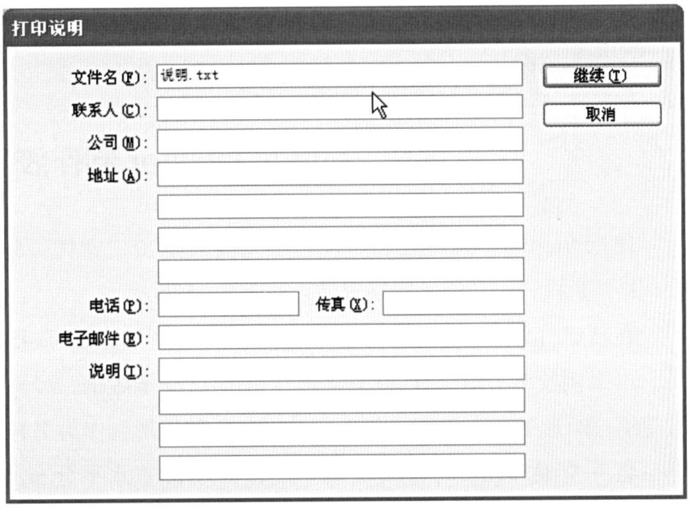

图 3-12　打印说明选项

图 3-13
选择打包存储位置及命名文件

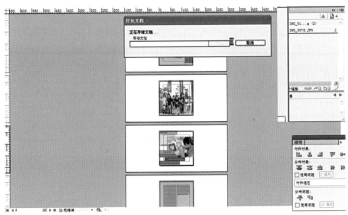

图 3-14　打包过程

本项目制作的胶装书册内页为 60 页，由于篇幅限制在此仅介绍 4 页具有代表性的版式制作过程作为范例。

3.3　利用 Illustrator 制作胶装封面

使用 Illustrator 制作胶装封面，首先需要点击"文件 – 新建"，在弹出的对话框中选择 CMYK 颜色模式，300ppi 栅格效果，如图 3-15 所示。

在新建的文档中使用"矩形工具"，建立两个 145mm × 145mm 的矩形，如图 3-16 所示。

本案例胶装书册总计 60 页，预计使用 157g 铜版纸，经测量胶装书册厚度总计 5mm，继续使用"矩形工具"新建一个 5mm × 145mm 的矩形，作为书脊，如图 3-17 所示。

将三个矩形在"对齐"面板中设置为 0mm"水平分布间距"，使他们紧靠在一起，如图 3-18 所示。

使用快捷键"Ctrl+R"调出标尺，从标尺中拖拽出参考线，将胶装封面的边线、书脊的位置进行标注，如图 3-19 所示。

继续从标尺中拖拽出参考线，在矩形的最外四边分别涨出 3mm 作为出血线，以方便后期裁切，如图 3-20 所示。页面及出血设置完成，开始进行图文混编。

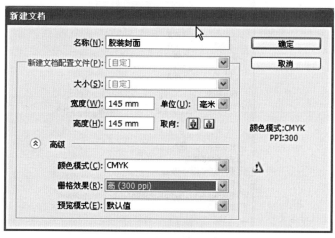

图 3-15　新建文档

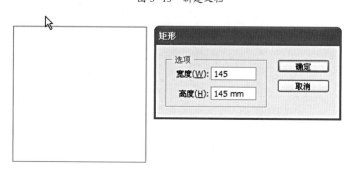

图 3-16　新建矩形

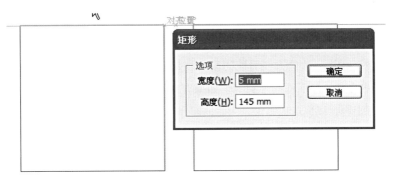

图 3-17　新建矩形作为书脊

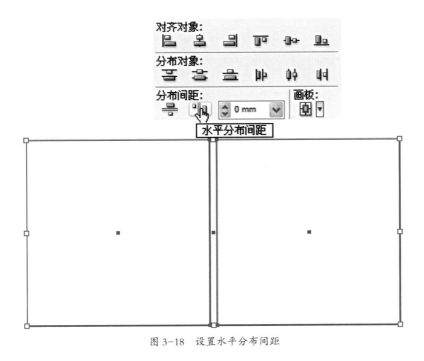

图 3-18　设置水平分布间距

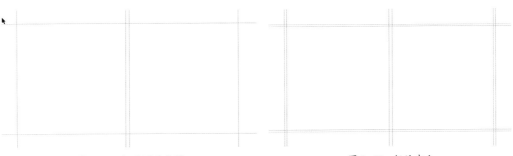

图 3-19　标注页面位置　　　　　　　　图 3-20　标注出血

项目小结

使用 InDesign 软件进行胶装书册内页设计，首先要对文件尺寸及出血进行详细设置，只有在精确设置的基础上，才能方便后期的裁切和装订。在制作过程中一定要注意边距的使用和调整，为文件的统一打下基础；同时，如果有出血图片，务必要将图片放置到裁切线外、出血线内，做好出血，以免造成错误，为后期制作带来麻烦。

课后练习

使用 InDesign 软件，制作一本 40 页，成品尺寸为 204mm × 291mm 的胶装书册。

项目四　CorelDRAW 印稿制作实训

项目任务

使用 CorelDRAW 软件完成以下任务：

1）建立书册内页文档，文件尺寸为成品尺寸加出血尺寸；

2）设置辅助线，规划出血位置和正文有效内容区域；

3）设计版式，进行图文混排；

4）完成排版后，设置每页文件的出血；

5）制作书册封面，由于本项目为精装书册，所以封面尺寸除了计算书脊的厚度外，还应加入封面四周的包边尺寸，以及在封底封面各加一个书槽的尺寸。

通过本项目的实训，使学生掌握使用 CorelDRAW 软件进行数码印刷精装书册封面和内页的正确设计方法与制作流程。

重点与难点

1）正确辨别成品尺寸与带出血尺寸，建立文档时不出现尺寸错误；

2）重要内容不能制作在出血范围内或离出血位置太近，否则在后期裁切时会被裁掉；

3）需要出血的位置不能遗漏，裁切线标记位置要准确，否则会出现露白边的现象；

4）文档色彩模式应为 CMYK，否则会造成输出错误；

5）制作精装书册封面时应先确认书脊厚度,还应在封底和封面位置分别加上 5mm 的书槽尺寸；

6）精装书册封面应在成品尺寸基础上,在四边各加 20mm 的包边,用于包裹硬壳封面的衬板；

7）文件输出前应将所有文字转成曲线，解锁被锁定的图形。

建议学时

8 学时。

4.1　精装书册内页制作

本项目制作的精装书册，内页成品尺寸为 204mm×291mm。根据数码印刷精装书册的印刷与印后工艺的需要，每个页面的四个边都需设置 3mm 的出血，即印稿尺寸应为 210mm×297mm（A4 幅面）。

4.1.1　设定文件页面规格与出血尺寸

打开 CorelDRAW X6 软件,点击菜单栏中"文件 - 新建"，打开"创建新文档"对话框，参数如图 4-1 所示。点击确定按钮创建工作页面，如图 4-2 所示。

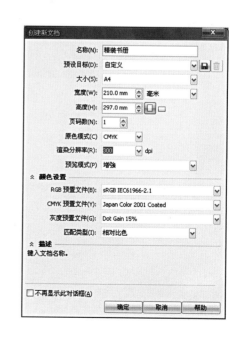

图 4-1　"创建新文档"对话框参数

在页面的标尺上单击右键,选择"辅助线设置"命令,如图 4-3 所示。弹出"选项"对话框,分别设置水平辅助线和垂直辅助线,具体参数如图 4-4、图 4-5 所示。设置好的工作页面如图 4-6 所示。

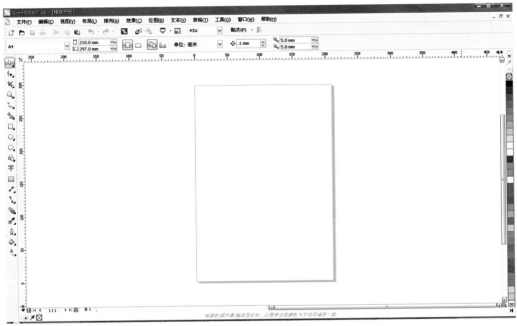

图 4-2 工作页面

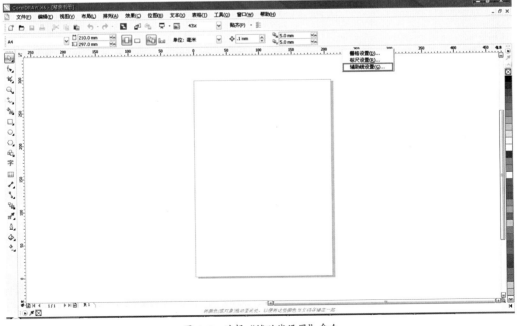

图 4-3 选择"辅助线设置"命令

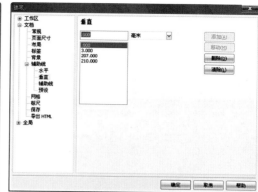

图 4-4　水平辅助线参数　　　　　　　　　　　　图 4-5　垂直辅助线参数

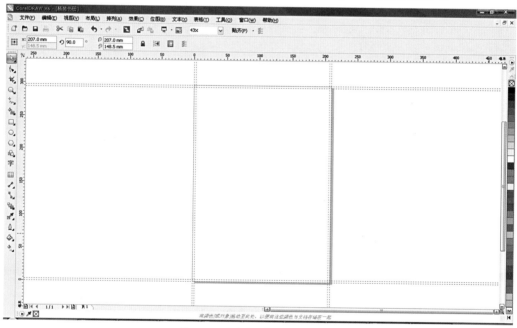

图 4-6　设置辅助线后的工作页面

4.1.2　内页版式制作

本项目制作的精装书册内页为 60 页,由于篇幅限制在此仅介绍两页具有代表性的版式制作过程作为范例。

开始排版前为了规范每页内容的位置,需保证页面内的有效内容距页边的距离不会太近,从而避免在后期裁切时造成有效内容被裁切的情况发生,我们规定页面中有效内容距上下页边距离为 10mm,距左右页边距离为 20mm。

在页面的四角,以成品尺寸的辅助线为对齐参照,建立四个宽 20mm、高 10mm 的矩形,如图 4-7 所示。将光标放在标尺上,按住鼠标左键,拖动出水平和垂直的辅助线,并把辅助线与之前绘制的四个矩形的边缘贴齐,如图 4-8 所示。

删除四个矩形,由新建立的四条辅助线所围合的区域,即为放置有效内容的区域,如图 4-9 所示。

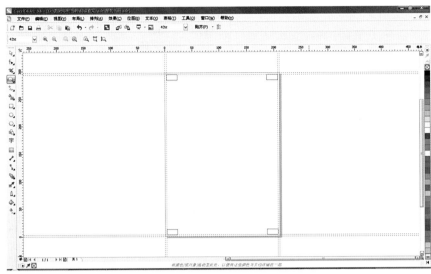

图 4-7
建立矩形

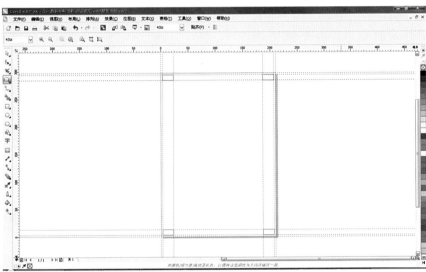

图 4-8　拖拽辅
助线并贴齐矩形

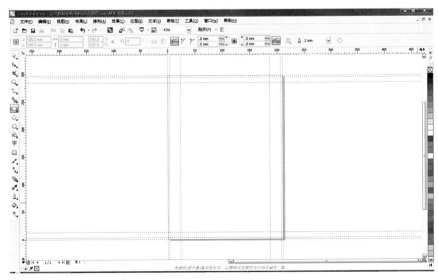

图 4-9　页面有
效排版区域

使用菜单栏中"文件 – 导入"命令，从素材中导入位图"标志 + 文字 .png"，如图 4-10 所示。将导入的位图标志高度设定为"10mm"（注意：设置尺寸前需按下"锁定比率" 按钮，锁定对象的横纵比例），并将标志置于页面左上角的位置，作为页眉的标志，如图 4-11 所示。后面的页面中，左页的标志置于页面左上角，右页的标志置于页面右上角。

图 4-10 使用导入命令

建立一个尺寸 15mm × 291mm 的矩形，填充颜色为 C20、M0、Y0、K20，将矩形置于页面左边，位置如图 4-12 所示。使用工具箱内的"文本工具"，输入美术字文本"Sino-German"，字体为"Arial Black"，字号为 88pt，放置位置如图 4-13 所示。

使用"导入"命令，导入素材中的位图"学院大门 .jpg"，使用菜单中的"效果 – 图框精确剪裁 – 置于图文框内部"命令，将位图置入美术字文本中，如图 4-14 所示。

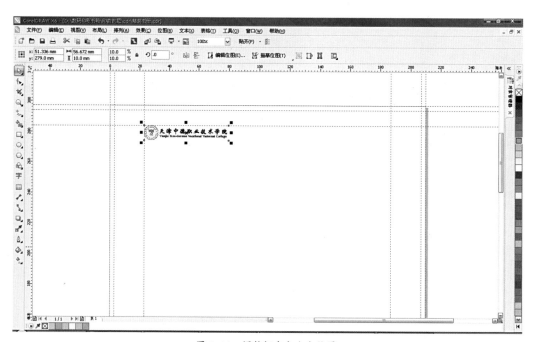

图 4-11 调整标志大小和位置

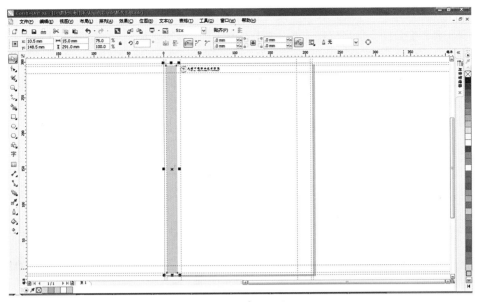

图 4-12　建立矩形

图 4-13　建立美术字文本

图 4-14　将位图进行图框精确剪裁

　　如果位图的位置不理想，使用右键单击文字，在下拉菜单中选择"编辑内容"命令，使用选择工具调整位图到适当位置，再次单击右键，在下拉菜单中选择"结束编辑"命令，完成编辑，效果如图4-15所示。

　　使用工具箱中的"阴影工具"，设定属性栏中的预设值为"平面右下"，将"阴影偏移"设置为X:1、Y:-1，阴影效果如图4-16所示。

　　在页边建立一个矩形，填充颜色为C40、M0、Y0、K0，在选择矩形的情况下，单击鼠标左键，将选择移动模式切换为旋转斜切模式，选择矩形左边的斜切标记，调整矩形形状，如图4-17所示。

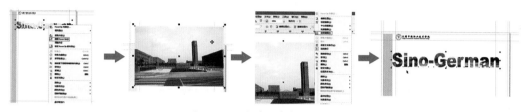

图4-15　编辑精确剪裁后的位图

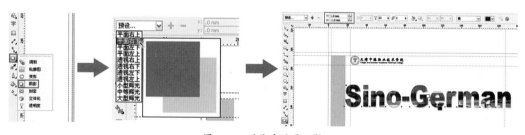

图4-16　为文字设置阴影

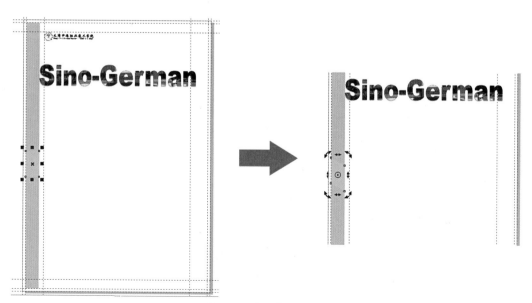

图4-17　建立并斜切矩形

输入文字"College profile"和"学院简介"，效果如图 4-18 所示。使用"导入"命令，导入素材中的"条纹 .cdr"文件，选择其中的一个条纹图形放置在文字后面，如图 4-19 所示。

使用菜单"导入"命令，选择素材中"文字 01.doc"文件，在弹出的"导入 – 粘贴文本"对话框中选择"摒弃字体和格式"。导入文字时，按住鼠标左键画出一个虚线框，松开鼠标完成文本导入，如图 4-20 所示。

选择导入的文本框，设定字体为"黑体"，字号为 12pt，选择菜单中"文本 – 文本属性"命令，打开"文本属性泊坞窗"，在"段落泊坞窗"中调整参数，如图 4-21 所示。文字效果如图 4-22 所示。

使用菜单"导入"命令，选择素材中"建校历史沿革 .png"文件，将图片放置在适当的位置，完成第一页的版式制作，如图 4-23 所示。

点击软件工作区左下角的"新建页面"按钮，建立一个新的空白页，在空白页中，之前设定的辅助线都还存在，如图 4-24 所示。

建立一个尺寸为 204mm×291mm 的矩形，放置在页面中心。使用菜单"导入"命令，选择素材中"学院标志 – 圆形 .png"文件，调整图片的大小和角度，将其放置在适当的位置，如图 4-25 所示。

图 4-18　输入文字　　　　　　　　图 4-19　导入条纹图形

图 4-20　导入文本

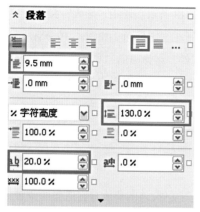

图 4-21   调整段落泊坞窗

图 4-22   文字效果

图 4-23   导入图片

图 4-24   新建页面

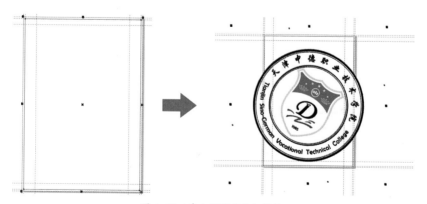

图 4-25   建立矩形并导入位图

　　选中导入的位图，使用工具箱中的"透明度"工具，将属性栏中的预设值设定为"标准"，"开始透明度"设定为 90，效果如图 4-26 所示。

　　使用菜单中的"效果 – 图框精确剪裁 – 置于图文框内部"命令，将位图置入矩形中，完成页面底图的设置，如图 4-27 所示。

　　导入文件"标志 + 文字 .png"，锁定横纵比例，将高设定为 10mm，放置于页面的右上方有效内容区域内，如图 4-28 所示。导入文件"条纹 .cdr"，将其中的两个条纹，放置在相应的位置，如图 4-29 所示。

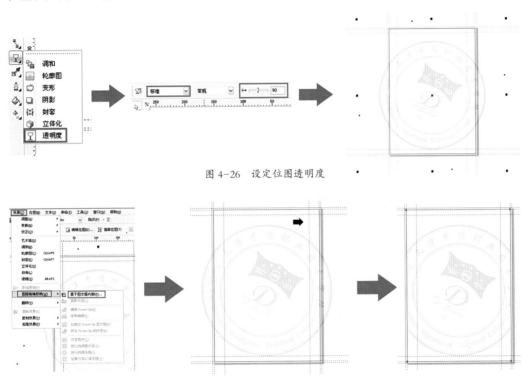

图 4-26　设定位图透明度

图 4-27　将位图精确剪裁

图 4-28　导入标志

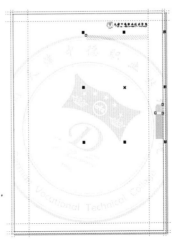

图 4-29　导入条纹

图 4-30　导入文字和图片

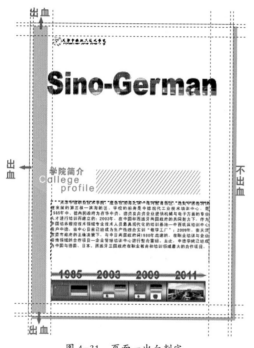

图 4-31　页面一出血判定

导入文件"文字 02.doc",方法同第一页。导入文件"第 2 页图片 .jpg",方法同第一页。输入文字"学院简介",使用竖排版式,放置在页面右边适当位置,完成第二页的版式制作,如图 4-30 所示。

4.1.3　内页出血设置

书册内页版式全部制作完成后,就要为书册的每个页面设置出血。出血是指在后期裁切印品时,使页面内有底色或底图的部分不露出白边,而在原底色或底图的基础上涨出来的部分。不是页面的每个边都要制作出血,要根据实际情况进行分析之后再制作。下面我们就以之前制作的两页书册为例,进行出血的设置。

页面一的左边缘是一个与左、上、下三边相邻的色块,所以这三个边需要设置出血。页面的右边为白底,所以不需要设置出血。如图 4-31 所示。

选择页面左边的蓝色对象,使用菜单中"窗口 – 泊坞窗 – 变换 – 大小"命令,让对象向左、上、下三个方向各涨 3mm,右边不涨。对象原尺寸为 15mm×291mm,设置出血后为 18mm×297mm,设置出血效果如图 4-32 所示。

页面二的左右边缘的色块和底图与页边相邻,需要设置出血。页面上下边缘为白底,所以不需要设置出血,如图 4-33 所示。

选择页面的底图,使用菜单中"窗口 – 泊坞窗 – 变换 – 大小"命令,让对象向上、下、

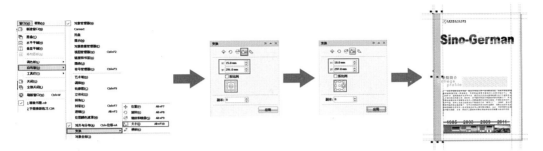

图 4-32　设置出血

左、右各涨 3mm，虽然页面的上下不需要做出血，但是为了保证底图不变形，所以四边各涨 3mm。对象原尺寸为 204mm×291mm，设置出血后为 210mm×297mm，设置出血效果，如图 4-34 所示。

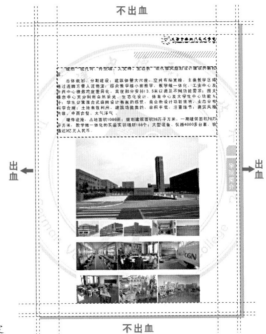

图 4-33　页面二出血判定

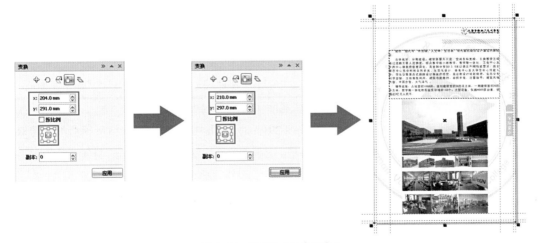

图 4-34　设置页面二底图出血

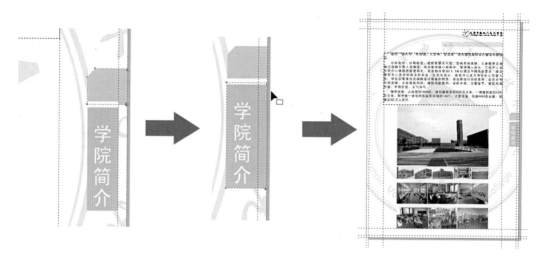

图 4-35　页面二色块出血

使用工具箱中的 ▟ "形状工具"，选择页面右侧的色块，选中色块右边的两个节点向右水平移动至辅助线。这样做的目的是为了保证色块斜边不变形。使用这个办法将剩下的色块也进行设置，如图 4-35 所示。

4.2　精装书册封面制作

精装书册的封面一般比书芯大一些，大出的部分叫"飘口"，而且需要在封皮内粘贴"荷兰板"作为衬板，所以要在封面的四个边预留包边和飘口的尺寸，一般为 20mm。为了便于翻开封面，要在封面和封底上预留书槽的尺寸，一般为 5mm。所在制作精装书册的封面时，要将这些因素全部考虑进去，缺一不可。

4.2.1　精装书册制作稿尺寸的计算公式

综合以上因素，制作精装书册封面的文档时计算公式为：

1）封面制作稿上下尺寸 =20mm（包边）+ 书的高度 +20mm（包边）

2）封面制作稿左右尺寸 =20mm（包边）+ 封面宽度 +5mm（封面书槽）+ 书脊厚度 +6mm（荷兰板板厚度）+5mm（封底书槽）+ 封底宽度 +20mm（包边）

本项目书册的内页成品尺寸为 204mm×291mm，内页共 60 页，使用 157g 铜版纸正背双面印刷，所以使用的是 30 页纸张。根据 157g 铜版纸的平均厚度为 0.135mm，计算出内页的书脊厚度为 0.135mm×30=4.05mm。

封面制作稿上下尺寸 =20mm+291mm+20mm=331mm

封面制作稿左右尺寸 =20mm+204mm+5mm+4mm+6mm+5mm+204mm+20mm=468mm

4.2.2 完成精装书册制作稿

在 CorelDRAW 软件中新建一个 468mm× 331mm 文档，参数如图 4-36 所示。辅助线设置如图 4-37 所示。

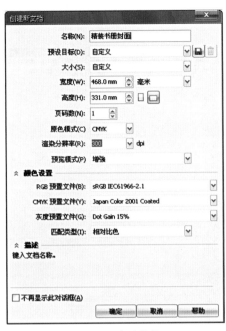

图 4-36 新建文档

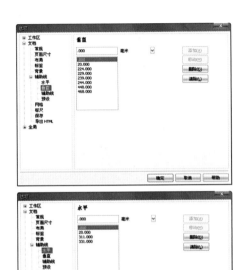

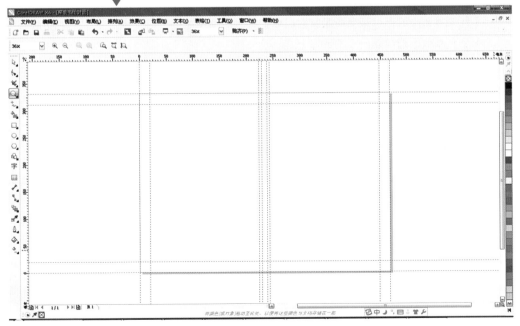

图 4-37 设置辅助线

使用菜单中"导入"命令，导入"封面素材 .cdr"文件，将版式调整为如图 4-38 所示。

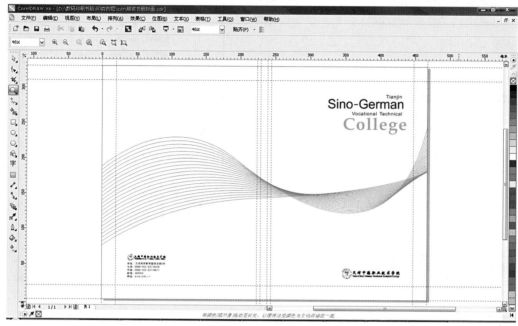

图 4-38　封面版式效果

项目小结

1）建立书册内页文档时，要明确成品尺寸与带出血尺寸；

2）重要内容不可在出血范围内，也不可离出血太近；

3）仔细分析书册内页哪里需要设置出血，不要遗漏；

4）牢记精装书册封面尺寸的计算公式。

课后练习

使用 Coreldraw 软件，制作一本 60 页，成品尺寸为 204mm×291mm 的精装书册。

项目五
PhotoShop 转为 PDF 制作实训

项目任务

将 PhotoShop 制作文件正确转换为可数码印刷的 PDF 文件需完成以下任务：

1）检查图层调板，并将所有图层合并；

2）调整图像大小到指定尺寸范围；

3）调整画布尺寸到指定尺寸范围；

4）检查路径调板，删除其中的所有路径；

5）检查色彩通道调板，删除多余通道；

6）将文件保存为 PDF 格式。

通过本项目的实训，使学生掌握将 PhotoShop 制作的文件转换为可进行数码印刷的 PDF 格式文件的方法与制作流程。

重点与难点

1）对分层文件，尽量邀请客户对最终画面效果进行确认；

2）重点检查分辨率是否达到印刷要求；

3）注意在合并可见图层后，删除多余的图层、路径和通道；

4）注意检查图像分辨率的设置是否符合要求。

建议学时

8 学时。

5.1　正确设置 PhotoShop 文件

5.1.1　检查图层调板　并将所有图层合并

首先调出图层面板，与客户确认最终画面效果无误后，调出图层面板，点击菜单栏中的"图层 – 合并可见图层"或者用快捷方式 [Ctrl]+[Shift]+E，合并所有可见图层，如图 5-1 所示。将不需要的隐藏图层删除，如图 5-2 所示。

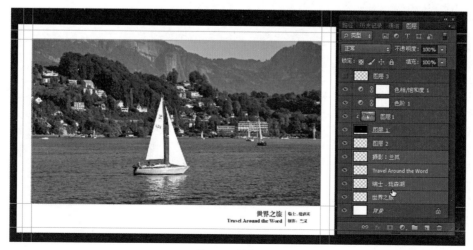

图 5-1　拼合图层

5.1.2　调整画面大小到指定尺寸范围

　　点击菜单栏中的"图层 – 合并可见图层",或者用快捷方式 Ctrl+Alt+I(组合键)调出"图像大小"面板,如图 5–3 所示。图像大小与分辨率可以分别调整,也可以同步调整。工作中,通常情况下先将图像尺寸等比例调整到指定尺寸,观察同步调整的分辨率是否达到印刷分辨率要求以上,参考值为 300dpi,最好不低于 250dpi。

5.1.3　调整画布尺寸到指定尺寸范围

　　点击菜单栏的"图像 – 画布大小",或者用快捷方式 Ctrl+Alt+C;Alt+I+S(组合键),调出"画布大小"对话框,如图 5–4 所示。

　　扩展画布尺寸并不影响图像尺寸,但如果缩小画布尺寸,则可能涉及剪裁画面的问题。画布尺寸大于成品画布尺寸时,如果需要缩减画布,则应该考虑剪裁切或选择复制等功能。

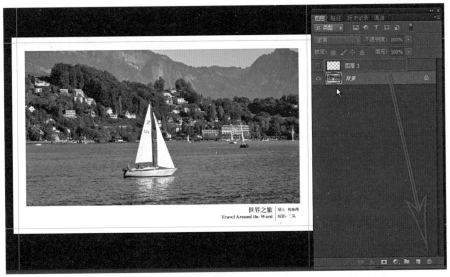

图 5-2　删除多余图层

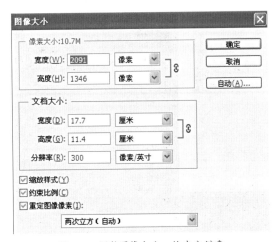

图 5-3　调整图像大小　检查分辨率

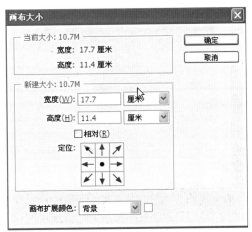

图 5-4　调整画布大小

改变画布大小有两种方案，一种是直接输入最终画布数值直接修改，另一种是以现有画布某一侧为参考，相对增加一定的数值，以达到修改整体画布尺寸的目的。

5.1.4　检查路径调板　删除其中的所有路径

点击菜单栏中的"窗口 – 路径"，调出路径面板，删除所有路径，如图 5–5 所示。

5.1.5　检查色彩通道调板　删除多余通道

点击菜单栏中的"窗口 – 通道"，调出通道面板，删除所有多余通道，如图 5–6 所示。

图 5–5　删除所有多余路径

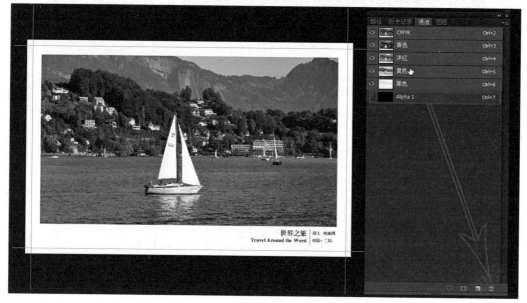

图 5–6　删除多余通道

5.2　将 PhotoShop 文件发布至 PDF

点击菜单栏"存储－存储为"或用快捷方式 [Ctrl]+[Shift]+S，调出存储为对话框，选择 PhotoShop PDF 格式，点击保存，如图 5-7 所示。进行 PDF 数值预设，如图 5-8 所示。

图 5-7　保存为 PDF

图 5-8　PDF 预设

项目小结

1）拼合所有可见图层；

2）删除所有多余的图层、通道和路径；

3）调整图像的方向、大小，检查分辨率；

4）将"PhotoShop"文件发布至 PDF。

课后练习

将项目一中所做的"瑞士背面 .psd"文件转存为可进行数码印刷的 PDF 格式文件，进而掌握其方法与制作流程。

项目六
Illustrator 转为 PDF 制作实训

项目任务

将 Illustrator 制作文件正确转换为可数码印刷的 PDF 文件需完成以下任务：

1）使用正确版本的软件打开文件，解除除参考线以外的全部锁定对象；

2）选中场景中全部物体，解除全部群组；

3）查看字体，全选所有文字，将文字全部转曲；

4）建立裁切线标记，调整图像大小，调整画板大小；

5）全选所有物体，全部群组，使图像在画板上居中；

6）将文件发布至 PDF，使文件符合数码印刷的输出要求。

通过本项目的实训，使学生掌握将 Illustrator 软件制作的印稿，正确发布为 PDF 文件，使之可以进行数码印刷的操作流程与设置方法。

重点与难点

1）将页面中所有设计输出对象解锁，否则会出现无法选中和输出丢失对象的情况；

2）全部显示场景中所有物体，删除无用对象，否则会造成输出页面尺寸错误；

3）解散所有群组，之后再全选所有文字，再转曲线，否则无法正确转曲线；

4）在图像居中画板前一定要将图像进行群组，否则会出现版式错位；

5）调整页面大小，使页面包含所有对象，否则会出现输出后页面外对象丢失。

建议学时

8 学时。

6.1 正确设置 Illustrator 文件

6.1.1 正确打开文件并解除对象

打开 Illustrator 软件，并在"文件"菜单栏里选择"打开"命令，然后选择要打开的文件路径，打开文件，如图 6-1 和图 6-2 所示。

图 6-1 "打开"命令

图 6-2 打开文件

打开文件后检查"图层"调板，看是否有多个图层文件，如图 6-3、图 6-4 所示。

在"图层"面板里解除除参考线以外的全部锁定对象，并关闭参考线组的可视状态，如图 6-5 所示。

6.1.2　解除全部群组并全选所有文字转为曲线

选中所有可视群组，解除全部可视群组，如图 6-6、图 6-7 所示。选中所有文字，将其进行转曲线，按快捷键 Ctrl+Shift+O，如图 6-8、图 6-9 所示。将文字转为曲线的目的是为了在转换 PDF 格式时，不会出现丢失字体的情况。注意：文字转为曲线后就无法进行内容、字体、间距等文本属性的编辑了，所以在转曲之前应另存一个备份文件。

图 6-3　调出图层面板

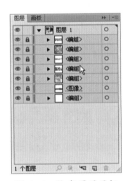

图 6-4　检查图层面板

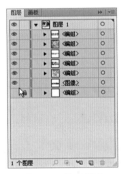

图 6-5　解除锁定

图 6-6　选中可视群组

图 6-7　解除群组

图 6-8　选中所有文字

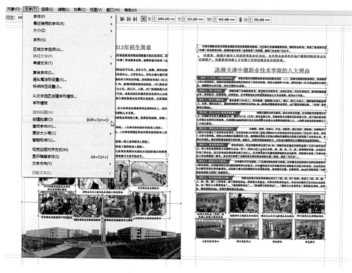

图 6-9　转曲文字

6.1.3　建立裁切线标记并调整图像与画板大小

在工具栏里选择"画板"工具,建立裁切标记线,并将画板大小设置成成品尺寸 414mm×291mm，如图 6-10、图 6-11 所示。

6.1.4　所有对象全部群组

按 Ctrl+A 选中所有可视文件，并进行群组 Ctrl+G，如图 6-12 所示,这样做的目的是为了防止在下一步文件输出为 PDF 格式时出现页面中对象丢失的情况。

图 6-10　建立裁切线标记

图 6-11　设置成品数值

图 6-12　群组对象

6.2　将 Illustrator 文件发布至 PDF

打开"文件"菜单里的"存储为"命令，并设置文件保存类型为"PDF"格式，选择存储的文件夹，如图 6-13、图 6-14 所示。设置 PDF 菜单，将"标记和出血"菜单里的"标记"和"出

图 6-13　"存储为"命令

图 6-14　存储 PDF 格式

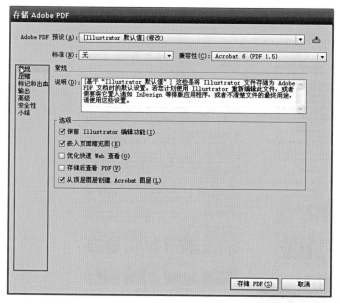

图 6-15　PDF 设置

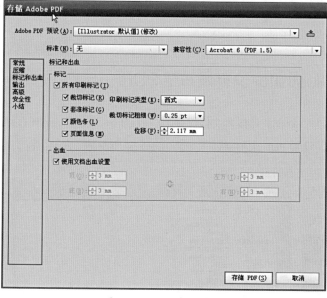

图 6-16　设置标记和出血

血"选项选中，其他选项默认设置，如图 6-15、图 6-16 所示。最后，按"存储 PDF"按钮，即完成存储。

项目小结

1）导入文件后首先要解锁全部对象，保证所有对象可以被选中和正确输出；

2）解散所有可视群组后，全选所有文字进行转曲线操作，保证字体和版式正确输出；

3）依据文件出血设置，建立裁切线，保证文件印刷后可以被准确裁切；

4）将页面中所有物体全部群组，防止输出为 PDF 格式时丢失页面中的对象；

5）调整页面大小，使页面包括所有有效内容，保证发布 PDF 时不会丢失物体。

课后练习

将 Illustrator 软件制作的设计稿，经过设置，发布至 PDF，使之可以正确进行数码印刷。

项目七　InDesign 转为 PDF 制作实训

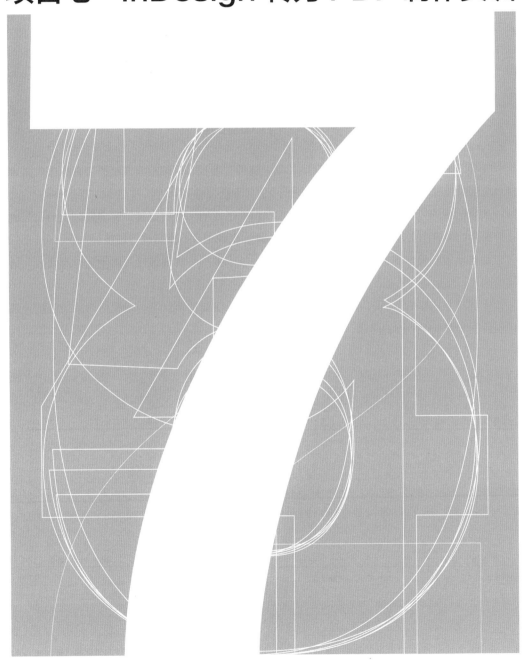

项目任务

使用 InDesign 软件完成以下任务：

1）检查链接图是否有丢失；

2）设置透明度拼合预设使导出的文字转曲线；

3）设置文件菜单下"Adobe PDF 预设"并导出 PDF 文件。

通过本项目的实训，使学生掌握使用 InDesign 软件转 PDF 文件的正确方法与制作流程。

重点与难点

1）透明度拼合预设的选项设置；

2）导出 PDF 文件的选项设置。

建议学时

8 学时。

7.1　检查链接图

在导出 PDF 前，首先要打开"窗口菜单 – 链接"面板，仔细检查链接图是否有丢失，可能出现两种情况：1）代表丢失链接的问号；2）代表链接被更新的叹号，如图 7–1 所示。

如果出现问号情况，需要先点击"链接"面板下方的"转到链接"键 ，找到丢失链接的图片，然后点击左侧的"重新链接"键 ，找到图片，重新进行链接。

如果出现叹号情况，需要先点击"链接"面板下方的"转到链接"键 ，找到丢失链接的图片，然后点击右侧的"更新链接"键 ，对图片进行更新。

完成以上工作后，所有有问题的图片已经全部被重新链接，不会出现因为丢失链接导致印刷后图像清晰度不够的问题，如图 7–2 所示。

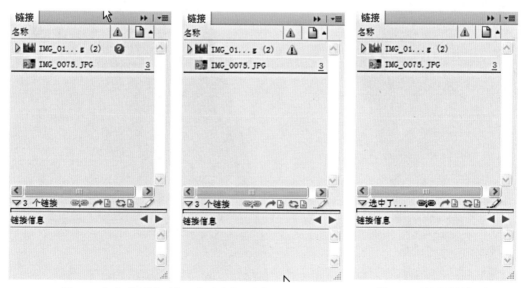

图 7–1　打开"链接"面板，发现图片链接有问题　　　　图 7–2　无问题的链接面板

7.2　设置透明度拼合预设

在使用 InDesign 软件导出 PDF 文件的时候，有极个别情况可能会出现直接导出的 PDF 文件丢失字体的情况，可以在"编辑 – 透明度拼合预设"菜单中进行设置，使导出的文字转为曲线，同时又使制作文件中的文字不转曲线以方便继续修改。

打开"页面"菜单，双击主页进入界面，如图 7-3 所示。

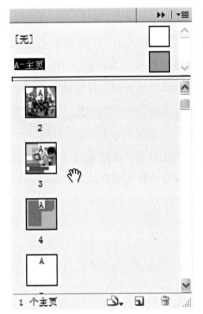

图 7-3　双击进入主页

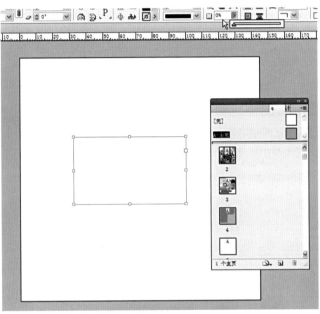

图 7-4　使用矩形工具画一个透明度为"0"的矩形

在主页上使用"矩形"工具画一个任意尺寸的矩形，同时将其透明度设置为"0"，如图 7-4 所示。

点击"编辑 – 透明度拼合预设"键，进入透明度预设界面并点击"新建"按钮，如图 7-5 所示。

对弹出的对话框进行细节设置，首先在名称上输入：印刷转曲，栅格 – 矢量平衡设置 100，线状图和文本分辨率设置 1200ppi，渐变和网格分辨率设置 400ppi，同时一定要勾选"将所有文本转换为轮廓"和"将所有描边转换为轮廓"，点击确定，如图 7-6 所示。

图 7-5
新建透明度
拼合预设

图 7-6
设置透明度
拼合预设

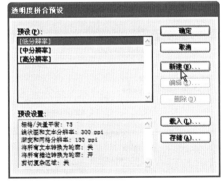

7.3　设置 Adobe PDF 预设并导出 PDF 文件

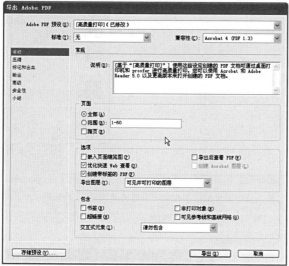

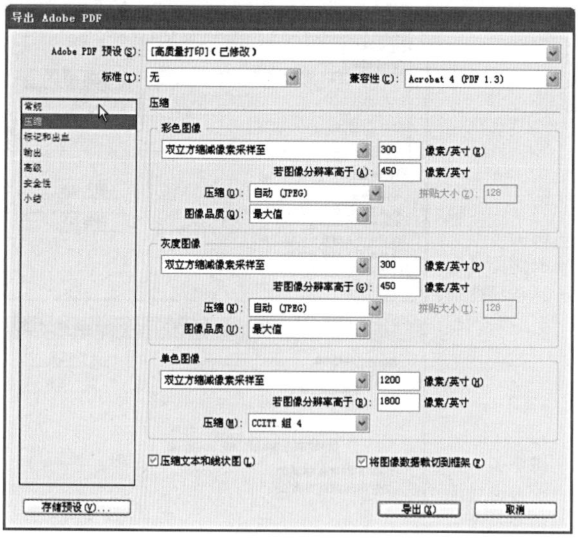

正式导出 PDF 文件时，首先选择"文件 – 导出"，弹出一个导出对话框，在下方文件名选项中将即将导出的 PDF 文件命名为"InDesign PDF 转曲"并点击保存，如图 7-7 所示。

然后在弹出的 PDF 导出预设中进行详细的设置，首先选中左边栏中的常规选项，其次将上方"Adobe PDF 预设"选为高质量打印，将兼容性选为 Acrobat4（PDF1.3），页面选为"全部"，如图 7-8 所示。

继续点选左边栏中的"压缩"选项，所有参数使用默认参数即可，如图 7-9 所示。

图 7-7
图 7-8
图 7-9

图 7-7　命名导出文件名称
图 7-8　导出设置中"常规"选项参数
图 7-9　导出设置中"压缩"选项参数

点选左边栏中的"标记和出血"选项，在"出血和辅助信息区"选项下勾选"使用文档出血设置"后，其他所有参数使用默认参数即可，如图7-10所示。

继续点选左边栏中的"输出"选项，所有参数使用默认参数即可，如图7-11所示。

点选左边栏中的"高级"选项，在"透明度拼合"选项下"预设"下拉菜单中选择"印刷转曲"选项，所有参数使用默认参数即可，如图7-12所示。

左边栏中的"安全性"选项和"小结"选项保持默认，不需改动。点击"导出"键，将设置完成的 PDF 文件进行导出，即可转换为用于印刷的 PDF 文件。

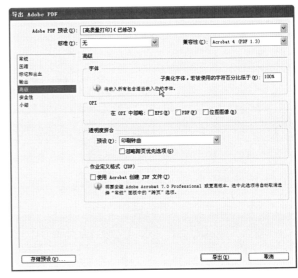

图 7-10
图 7-11
图 7-12

图 7-10　导出设置中"标记和出血"选项参数
图 7-11　导出设置中"输出"选项参数
图 7-12　导出设置中"高级"选项参数

项目小结

使用 InDesign 软件导出 PDF 文件，首先要打开"链接"面板，检查是否出现丢失链接图或链接图被更改的情况，如果出现此种情况，需要及时重新载入链接图片或更新图片，以避免印刷中出现图片精度不够的情况。在完成检查链接后，需要双击页面面板中文档的主页，并在主页上画一任意大小的、透明度为"0"的矩形，然后点击"新建"透明度拼合预设，务必"将所有文本转换为轮廓"和"将所有描边转换为轮廓"勾选，使导出的文件中的文字全部转曲线，避免丢失文字的情况发生，同时不对原文件中的文字转曲线，方便以后的更改。设置完成后，选择"文件 – 导出"，对导出 PDF 的选项进行详细设置，需要注意的是选择"常规"选项下的"高质量打印"、"Acrobat4（PDF1.3）"；"标记和出血"选项下，勾选"使用文档出血设置"；"高级"选项下，选择在透明度拼合预设中所新建的"透明度预设"文件的名称进行导出，即可得到 PDF 文件。

课后练习

将 InDesign 软件制作设计稿，经过设置，导出为 PDF，使之可以正确进行数码印刷。

項目八
CorelDRAW 转为 PDF 制作实训

项目任务

将 CorelDRAW 制作文件正确转换为可数码印刷的 PDF 文件需完成以下任务：

1）使用正确版本的软件打开文件，解除全部锁定对象；

2）按快捷键"F4"，显示场景中全部点，并删除远离页面的无用对象；

3）选中场景中全部物体，解除全部群组；

4）查看字体，全选所有文字，将文字全部转曲；

5）建立裁切线标记，调整图像大小，调整画板大小；

6）全选所有物体，全部群组，将图像在画板居中；

7）将文件发布至 PDF，使文件符合数码印刷的输出要求。

通过本项目的实训，使学生掌握将 CorelDRAW 软件制作的印稿，正确发布为 PDF 文件，使之可以进行数码印刷的操作流程与设置方法。

重点与难点

1）将页面中所有对象解锁，否则会出现无法选中和输出丢失对象的情况；

2）全部显示场景中所有物体，删除无用对象，否则造成输出页面尺寸错误；

3）解散所有群组，之后再全选所有文字，再转曲线，否则无法正确转曲线；

4）在图像居中画板前一定要将图像进行群组，否则会出现版式错位；

5）调整页面大小，使页面包含所有对象，否则会出现输出后页面外对象丢失。

建议学时

8 学时。

8.1　正确设置 CorelDRAW 文件

8.1.1　正确打开文件并解锁所有对象

使用正确的 CorelDRAW 版本打开文件，检查文件各页面中是否存在被锁定的对象，如图 8-1 所示。被锁定的对象在转换 PDF 过程中会出现丢失的现象，所以需要解锁文件中所有被

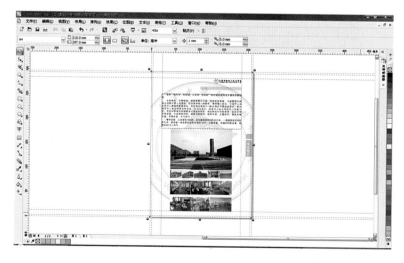

图 8-1
检查被锁定对象

锁定的对象。为防止出现遗漏的情况，选择菜单中"排列 – 对所有对象解锁"命令完成对文件中的所有物体解锁操作，如图 8-2 所示。

8.1.2 显示全部对象并删除无用对象

使用快捷键"F4"，显示全部场景中的全部对象，如题图 8-3 所示。删除场景中的无用对象，避免转换 PDF 文件时出现页面尺寸错误，如图 8-4 所示。

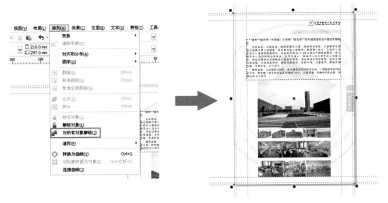

图 8-2 将所有对象解锁

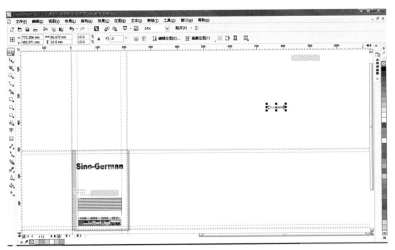

图 8-3 显示全部场景中的全部对象

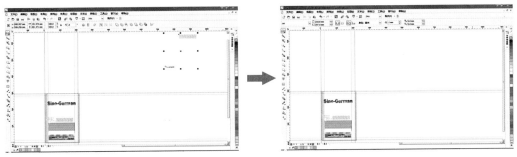

图 8-4 删除场景中的无用对象

图 8-5　取消全部群组

8.1.3　解除全部群组并全选所有文字转为曲线

使用菜单中"排列 – 取消全部群组",解除一个页面中所有群组,如图 8-5 所示。注:如果没有事先取消全部群组,则无法选中页面中被群组的文字。使用菜单中"编辑 – 全选 – 文本"命令,选择场景中的所有文字,如图 8-6 所示。

使用菜单中"排列 – 转换为曲线"命令,将所有文字转为曲线,如图 8-7 所示。同前文提到的一样,将文字转为曲线的目的是为了在转换 PDF 格式时,不会出现丢失字体的情况。注意:文字转为曲线后就无法进行内容、字体、间距等文本属性的编辑了,所以在转曲之前应另存一个备份文件。

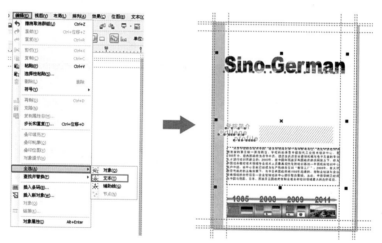

图 8-6　全选所有文字

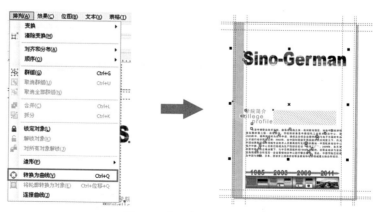

图 8-7　将文字转换为曲线

8.1.4　建立裁切线标记并调整图像与画板大小

依据文件中的出血设置，建立裁切标记，确保文件印刷后可以正确裁切，如图 8-8 所示。如果需要调整图像和画板的大小，可以在属性栏中调整"页面度量"和"对象大小"命令，如图 8-9 所示。

8.1.5　所有对象全部群组并居中到画板

使用快捷键"Ctrl+A"全选页面中所有对象，选择菜单中"排列 – 群组"命令将页面中所有对象组合在一起，如图 8-10 所示。选择菜单中"排列 – 对齐和分布 – 在页面居中"命令将群组物体对齐到页面中心，如图 8-11 所示。注意：使用"在页面居中"命令前，一定要先将所有物体群组在一起，否则会出现对象错位的情况。

图 8-8　建立裁切标记

图 8-9　页面度量与对象大小

图 8-10　全选并群组所有对象

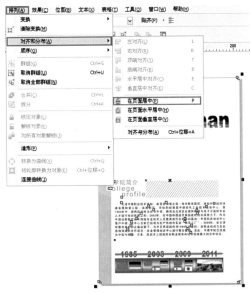

图 8-11　群组物体对齐到页面中心

8.2　将 CorelDRAW 文件发布至 PDF

完成上面的各项设置步骤之后，下面将 CorelDRAW 文件发布为可进行数码印刷的 PDF 文件。

点击菜单中"文件 – 发布至 PDF"，调出"发布至 PDF"对话框，将"PFD 预设"设定为"预印"选项，如图 8-12 所示。

点击对话框中"设置"按钮，调出"PDF 设置"对话框，如图 8-13 所示。

在"常规"面板中，将"导出范围"设定为"当前文档"，"PDF 预设"设置为"预印"，如图 8-14 所示。"颜色"面板中，将"颜色管理"设置为"使用文档颜色设置"，"将颜色输出为"设置为"CMYK"，如图 8-15 所示。

在"对象"面板中勾选"压缩艺术字和艺术线条"与"将所有文本导出为曲线"（如果在 CorelDRAW 软件中有无法转曲的文字，此选项可以将其转为曲线），在"位图缩减取样"中调整参数，如图 8-16 所示。在"预印"面板中去除"出血限制"选项，因为在文件中我们已经手动制作了出血和裁切线，所以无须在此重复设置，避免造成版面尺寸出错，如图 8-17 所示。

在"安全性"面板中，可以通过设置"打开口令"中的口令密码，对打开文件进行限制，如图 8-18 所示。如果在"问题"面板中，显示"当前未发现问题"，则证明文件当前可以正确转为 PDF 格式，如图 8-19 所示。

图 8-12　打开发布到 PDF 对话框

图 8-13　PDF 设置对话框

图 8-14　常规面板

图 8-15　颜色面板

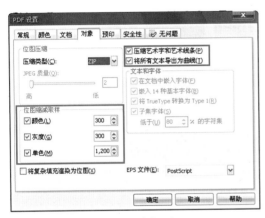

图 8-16　对象面板

图 8-17　预印面板

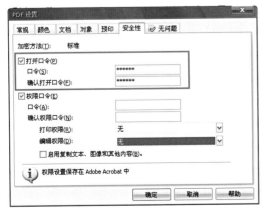
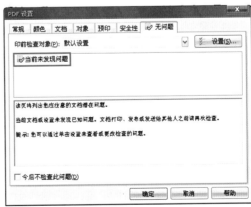

图 8-18　安全性面板

图 8-19　问题面板

点击"确定"按钮确认设置，回到发布至 PDF 对话框，选择存储路径后，点击"保存"按钮保存 PDF 文件，如图 8-20 所示。

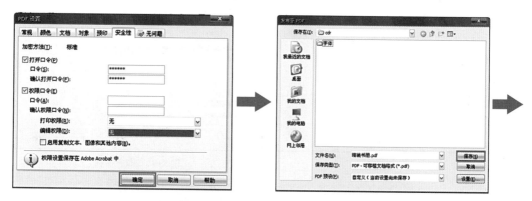

图 8-20　保存文件为 PDF 格式

项目小结

1）解锁全部对象，保证所有对象可以被选中和正确输出；

2）全部显示所有物体，删除无用物体，保证输出页面尺寸准确；

3）解散所有群组后全选所有文字进行转曲线操作，保证字体和版式正确输出；

4）依据文件出血设置，建立裁切线，保证文件印刷后可以被准确裁切；

5）将页面中所有物体全部群组后，再居中对齐到页面，防止版式错位；

6）调整页面大小，使页面包括所有有效内容，保证发布 PDF 时不会丢失物体。

课后练习

将 CorelDRAW 软件制作的设计稿，经过设置，发布至 PDF，使之可以正确进行数码印刷。

项目九
AutoCAD 转为 PDF 制作实训

项目任务

本实训项目需完成以下任务：

1）检查文件所有内容，确认输出尺寸；

2）选择 PDF 打印机进行虚拟打印；

3）设置图纸尺寸（A4/A3）与打印方向（横向/纵向）；

4）设置打印比例（按图纸尺寸缩放）与居中打印；

5）点击"窗口"框选打印内容，完全预览打印效果；

6）设置打印质量，打印为 PDF 文件。

通过本项目的实训，使学生掌握将 AutoCAD 制作的工程图纸正确转换为可进行数码印刷的 PDF 格式文件的方法与制作流程。

重点与难点

1）转换 PDF 时要确认图纸规格与方向；

2）转换 PDF 时注意设置分辨率；

3）注意将打印比例设置为"按图纸尺寸缩放"，否则无法打印全图；

4）要打印图纸中的一个局部时，点击"窗口"按钮来框选打印内容。

建议学时

8 学时。

9.1　正确打开并检查 AutoCAD 文件

使用正确版本的 AutoCAD 打开文件，并检查文件中是否出现错误和丢失元素的情况，如图 9-1 所示。

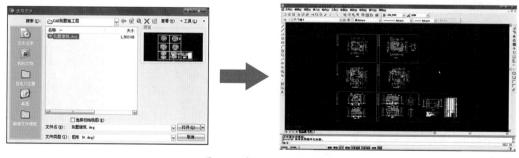

图 9-1　打开 AutoCAD 文件

9.2　将 AutoCAD 文件转换为 PDF 文件

检查文件没有错误就可将文件转换为 PDF 文件了。要将 AutoCAD 制作的文件正确的转换为 PDF 文件，需要在电脑上预装 PDF 打印机，然后使用"虚拟打印"的方式将文件打印为 PDF 格式。

9.2.1　选择 PDF 虚拟打印机

选择菜单中的"文件\打印"命令，调出"打印"对话框，如图 9-2 所示。

进入"打印设备"选项卡，在"打印机配置"选项中选择 PDF 打印机，如图 9-3 所示。

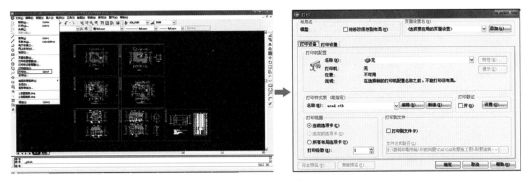

图 9-2　打开"打印对话框"

9.2.2　设置图纸尺寸与打印方向

进入"打印设置"，将"图纸尺寸"设置为"A3"规格，如图 9-4 所示。在"图形方向"选项中，将图形方向设定为"横向"，如图 9-5 所示。

9.2.3　设置打印比例与居中打印

在"打印比例"选项中，将比例设定为"按图纸空间缩放"，如图 9-6 所示。在"打印偏移"选项中，勾选"居中打印"，如图 9-7 所示。

图 9-3　选择 PDF 打印机

图 9-4　设置图纸尺寸

图 9-5　设定图形方向

图 9-6   设定打印比例   图 9-7   勾选居中打印

9.2.4   选择打印区域

点击"打印区域"中的"窗口"按钮,在工作页面内框选需要打印的区域,如图 9-8 所示。点击"完全预览"按钮, 显示打印预览效果,如图 9-9 所示。

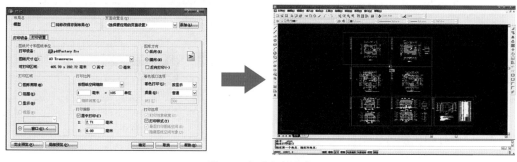

图 9-8   框选打印区域

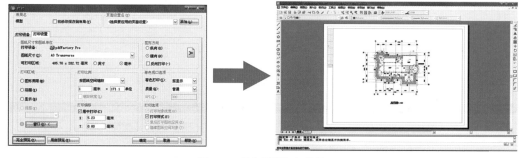

图 9-9   完全预览打印效果

9.2.5   设置打印质量, 打印 PDF 文件

在"着色视口选项中"将"质量"设置为"最大",完成上述所有设置以后点击"确定"按钮,开始打印 PDF 文件,如图 9-10 所示。

打印完成后会在指定的路径内生成一个 PDF 文件,如图 9-11 所示。使用 PDF 浏览器打开文件,效果如图 9-12 所示。

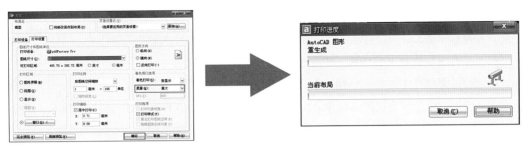

图 9-10　设置质量开始打印

图 9-11　生成 PDF 文件

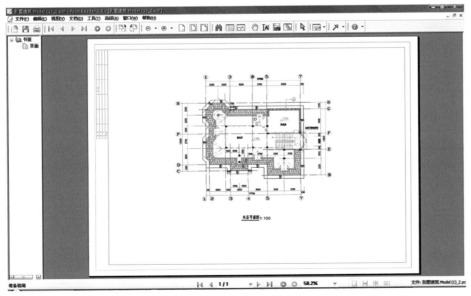

图 9-12　打开 PDF 文件

项目小结

1）检查原始文件时，确认所有内容无错误，并确认输出尺寸；

2）需提前预装 PDF 打印机，才能够在"打印设备"中选择；

3）设置图纸尺寸最大幅面不应超过 A3，打印方向要与图纸一致；

4）设置打印比例为按图纸尺寸缩放，并勾选居中打印，这样图纸才可以完全显示，不会出现在页面中偏移的现象；

5）点击"窗口"框选打印内容时要注意不要多选或漏选，在"完全预览"显示的是打印成 PDF 后的效果；

6）设置打印质量为 300dpi 以上，以保证打印的清晰度；

7）虚拟打印后，到打印机指定的路径中查找生成的 PDF 文件。

课后练习

使用 PDF 打印机将一张 AutoCAD 制作的工程图纸，转换为可数码印刷的 PDF 文件。

项目十
Microsoft Office 转为 PDF 制作实训

项目任务

1）将 Word 文件转化为 PDF 文件；

2）将 PowerPoint 文件转化为 PDF 文件；

3）将 Excel 文件转化为 PDF 文件；

4）本项目在制作前需要安装 pdfFactory Pro 虚拟打印机。

学习如何用 pdfFactory Pro 将 Word、PowerPoint、Excel 文件转化为 PDF 文件。

重点与难点

1）处理文件前确认制作软件的版本；

2）处理文件前确认文件内容版式是否正确；

3）在 Word 中缺失字体不会提示，缺失字体会被自动替换；

4）处理 Word 时注意在修改完毕后再次确认页眉页脚；

5）处理 PowerPoint 时，如果图片显示错误可以将图片重新修改后再置入文件内。

建议学时

8 学时。

10.1　Word 文件转为 PDF 文件

10.1.1　打开 Word 文件

打开 Word 文档后，首先确认是否缺失字体，如果没有客户需要的字体需要安装，确认字体无误后与客户确认文档内容是否正确无误。

10.1.2　页面设置

打开文件后点击菜单"文件 – 页面设置"查看页面尺寸是否正确，如图 10-1。然后在打开的页面设置面板中确定纸张方向和页面大小，如图 10-2、图 10-3 所示。

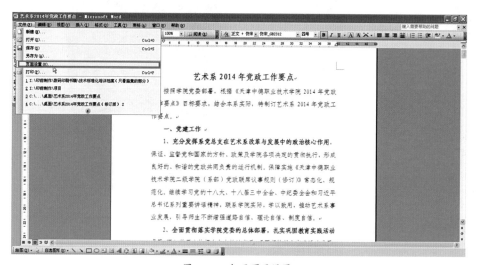

图 10-1　打开页面设置

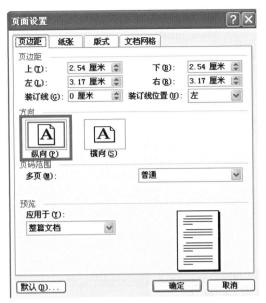

图 10-2　确定纸张方向

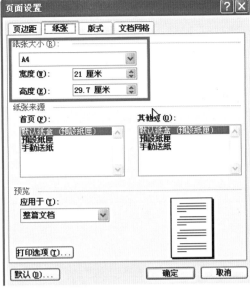

图 10-3　确定纸张大小

10.1.3　虚拟打印

选择"文件"菜单栏中的"打印"命令，如图 10-4 所示。在弹出的对话框中选择打印机名称为 pdfFactory Pro，如图 10-5 所示。

然后点击打印面板中的"属性"命令，如图 10-6 所示。弹出 pdfFactory Pro 属性对话框，选择设定面板，选择纸张尺寸为"A4"，方向选择"直印"，如图 10-7 所示。接着设置打印质量和印刷质量，如图 10-8 所示。最后设置"预览"，勾选"嵌入所有字型"，如图 10-9 所示。设置完成后，点击"确定"，返回"打印"面板，点击"确定"进行虚拟打印，将文件转换为 PDF 格式，如图 10-10 所示。

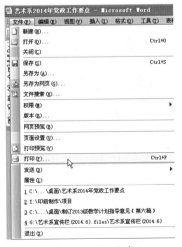

图 10-4　打开打印命令

图 10-5　选择打印机

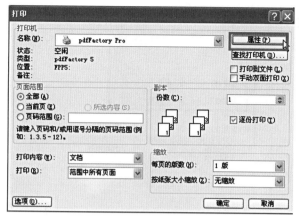

图 10-6　点击属性

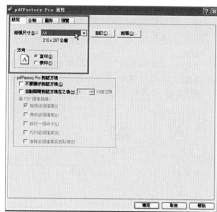

图 10-7　设置打印页面大小和方向

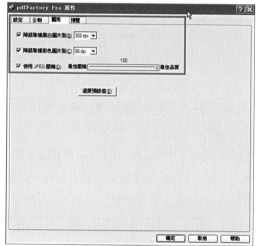

图 10-8　设置打印质量与印刷质量

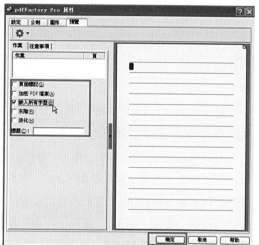

图 10-9　选择嵌入所有字型

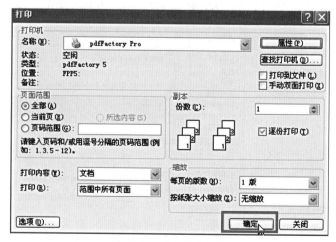

图 10-10　确定输出打印

10.2　PowerPoint 文件转为 PDF 文件

10.2.1　打开 PowerPoint 文件

文件用正确的版本打开，并且检查文件的字体是否变化，如果字体发生变化，软件并不会预警。

图 10-11　页面设置

10.2.2　页面设置

点击菜单栏中的"文件 – 页面设置"，如图 10-11 所示。确定文件的大小和页面方向，如图 10-12 所示。

10.2.3　虚拟打印

选择"文件"菜单栏中的"打印"命令，如图 10-13。在弹出的对话框中选择打印机名称为 pdfFactory Pro，如图 10-14。

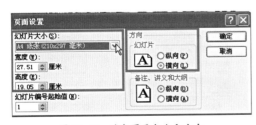

图 10-12　确定页面大小和方向

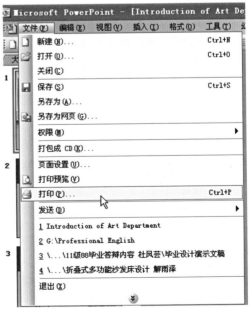

图 10-13　打开打印命令

　　然后点击打印面板中的"属性"命令，如图 10-15。弹出 pdfFactory Pro 属性对话框，选择设定面板，选择纸张尺寸为"A4"，方向选择"横印"，如图 10-16。接着设置打印质量和印刷质量，如图 10-17。最后设置"预览"，勾选"嵌入所有字型"，如图 10-18 所示。设置完成后，点击"确定"，返回"打印"面板，选择颜色模式，如图 10-19 所示，点击"确定"进行模拟打印，转换为 PDF 格式。

图 10-14　选择打印机

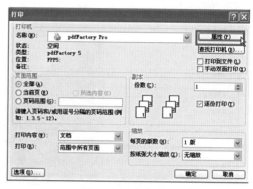

图 10-15　点击属性

图 10-16　设置打印页面大小和方向

图 10-17　设置打印质量与印刷质量

图 10-18　选择嵌入所有字型

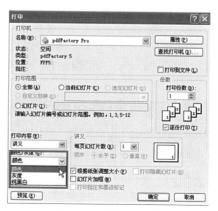

图 10-19　选择颜色模式

10.3　Excel 文件转为 PDF 文件

10.3.1　打开 Excel 文件

文件用正确的版本打开，并且检查文件的字体是否变化，格式是否正确。

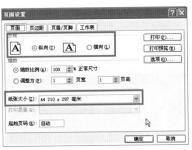

图 10-20　页面设置

10.3.2　页面设置

点击菜单栏中的"文件 – 页面设置"，如图 10-20 所示。确定页面的大小和页面方向，如图 10-21 所示。

10.3.3　虚拟打印

选择"文件"菜单栏中的"打印"命令，如图 10-22。在弹出的对话框中选择打印机名称为 pdfFactory Pro，如图 10-23。

然后点击打印面板中的"属性"命令，如图 10-24。弹出 pdfFactory Pro 属性对话框，选择设定面板，选择纸张尺寸为"A4"，方向选择"直印"，如图 10-25。接着设置打印质量和印刷质量，如图 10-26。最后设置"预览"，勾选"嵌入所有字型"，如图 10-27 所示。设置完成后，点击"确定"，返回"打印"面板，点击"确定"进行打印，如图 10-28 所示。点击"确定"进行模拟打印，转换为 PDF 格式。

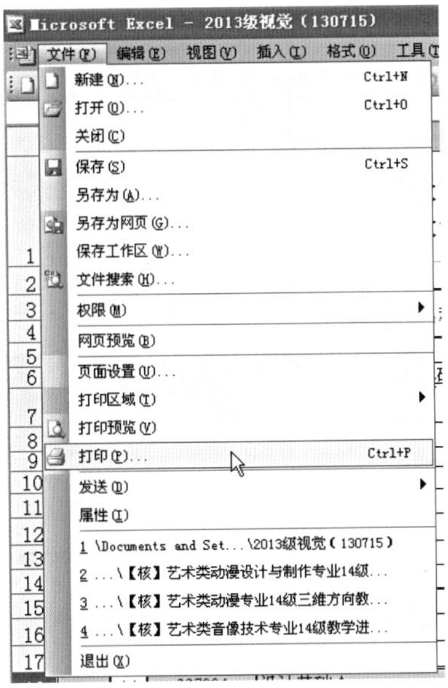

图 10-21　确定页面大小和方向

图 10-22　打开打印命令

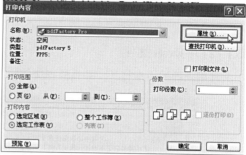

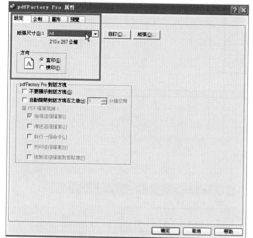

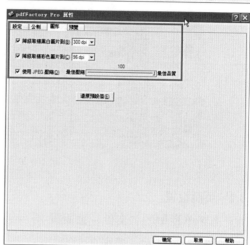

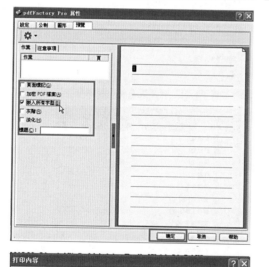

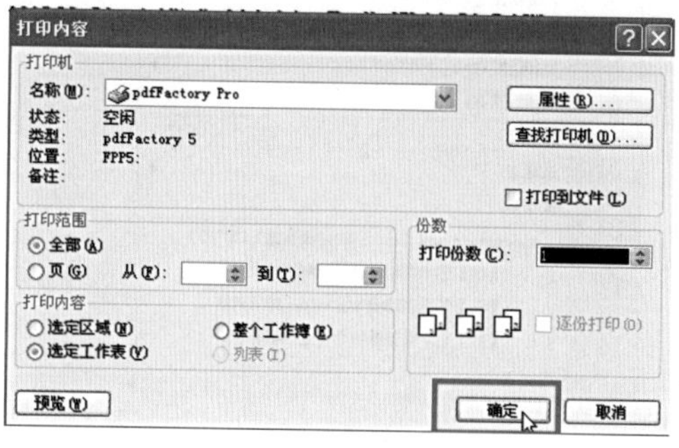

图 10-23	图 10-24
图 10-25	图 10-26
图 10-27	
图 10-28	

图 10-23　选择打印机
图 10-24　点击属性
图 10-25　设置打印页面大小和方向
图 10-26　设置打印质量与印刷质量
图 10-27　选择嵌入所有字型
图 10-28　确定输出打印

项目小结

1）处理文件前确认制作软件的版本；

2）处理文件前确认文件内容和版式是否正确；

3）注意页面大小和方向的设置；

4）学会虚拟打印机的设置方法。

课后练习

自选素材，将 Microsoft Office 文件转为可直接输出打印的 PDF 文件。

項目十一
Quite Imposing Plus 拼版实训

项目任务

使用 Quite Imposing Plus 软件完成以下任务：

1）创建样本；

2）名片拼版；

3）明信片拼版；

4）分页；

5）胶装书册拼版；

6）"骑马钉"装订书册拼版。

通过本项目的实训，使学生掌握使用 PDF 软件的插件 Quite Imposing Plus 进行数码印刷拼版制作的正确操作方法与制作流程。

重点与难点

1）名片与明信片拼版的特点与区别；

2）分页命令的设置；

3）胶装书册的拼版设置；

4）"骑马钉"装订书册的拼版设置。

建议学时

8 学时。

11.1　使用 Quite Imposing Plus 创建样本

我们要学习拼版，就必须准备一个练习用的样本，Quite Imposing Plus 软件为我们提供了一个自动生成样本的功能，使我们的学习更加方便。比如我们现在要做一个尺寸为 216mm×291mm，共 8 页的样本，具体方法如下：

打开 PDF 软件，同时打开 Quite Imposing Plus 操作面板，如图 11-1 所示。

点击面板中的"样品文档"按钮，开始建立一个全新的练习文档，具体操作如图 11-2 所示。

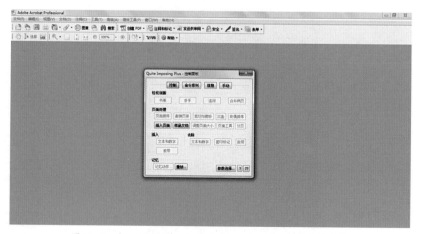

图 11-1　打开 PDF 软件和 Quite Imposing Plus 插件操作面板

图 11-2 创建一个 8 页，A4 尺寸的样品文档

具体效果如图 11-3 所示，每个文档的左上角有页面的页码，四周的黑色边框为出血标识。

我们可以下拉边条按钮，则可看见所有的页面情况，至此我们已经成功建立了样品文档，那接下来我们可以进一步探讨拼版制作了。

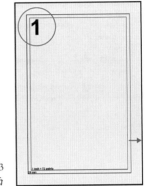

图 11-3
创建的页面

11.2 使用 Quite Imposing Plus 拼版

11.2.1 名片拼版

拼版工作中，名片拼版是比较常见同时又比较容易操作的一种，那我们就从名片拼版开始，首先我们还是先建立一个双面名片的样品文档，成品尺寸为 90mm×50mm，所以印刷尺寸应该加上 3mm 出血，尺寸为 96mm×56mm，效果如图 11-4 所示。

对于一个页面需要重复多次在一个印张中出现的情况，通常选择操作面板中的"连拼"，具体操作如图 11-5 所示。

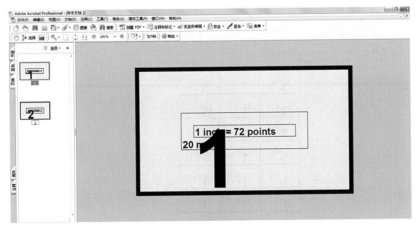

图 11-4 名片样品文档

具体操作如图 11-6 所示。

操作结果如图 11-7 所示。

通常情况下,我们需要将页面尺寸扩大到有效打印尺寸,在此我们暂时将有效打印尺寸设定为常见的 440mm×320mm,扩大页面尺寸的具体操作如图 11-8 所示。

图 11-5   操作面板

图 11-8   操作面板

图 11-9   操作面板

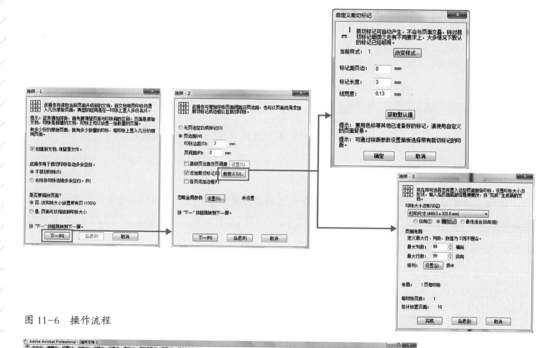

图 11-6   操作流程

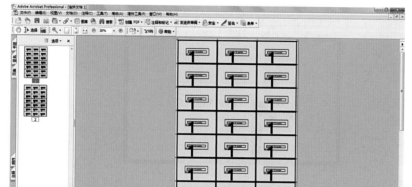

图 11-7   名片拼版
操作结果

具体设定如图 11-9 所示。

最终拼版成品包含以下几个要素：

1）页面拼版完成；

2）有裁切线；

3）成品尺寸为打印尺寸；

4）多页文件大小一致；

5）方向一致；

6）顺序排列。

操作结果如图 11-10 所示。

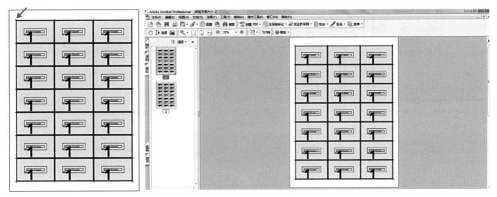

图 11-10　名片拼版最终完稿

11.2.2　明信片拼版

明信片与名片的区别在于，名片是同样的版式在一个印张上重复，但是由于明信片的内容各不相同，所以不能采用名片拼版的连拼，而需要采用折手，折手的作用在于将多个不同的页面拼合在一个印张上，具体操作如图 11-11 所示。

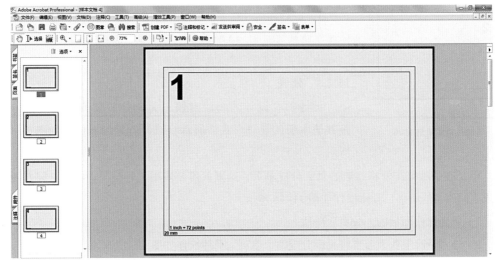

图 11-11　明信片样品文档

图 11-12　操作流程

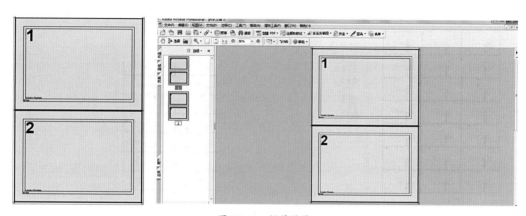

图 11-13　操作结果

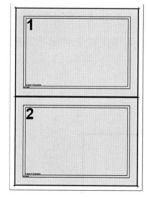

图 11-14
明信片拼版最终完稿

1）首先建立一个明信片的样品，尺寸为 210mm×285mm，数量为 4 张，如图 11-11 所示。

2）具体操作如图 11-12 所示。

操作结果如图 11-13 所示。

3）最后如名片拼版一样，将页面尺寸扩展到打印尺寸，具体操作结果如图 11-14 所示。

11.2.3　分页

设计师在设计画册的时候，无论是胶装或是骑马钉，或是其他本册的装订形式，通常会设计连版的页面，如图 11-15 所示。

但是在拼版前需要将连版的页面分成单页，这里就需要使用"分页"功能，它能方便地完成我们想要的结果，具体操作如图 11-16 所示。

1）选择操作面板的"分页"功能。

2）通常情况下我们需要将页面分成两个单页，具体操作如图 11-17 所示。

3）最终结果如图 11-18 所示。

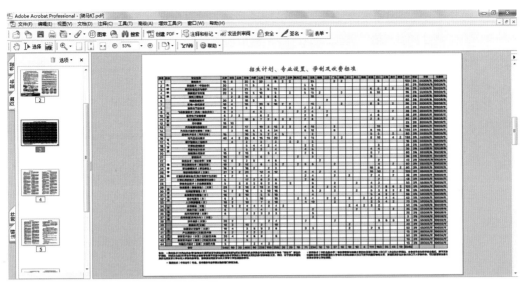

图 11-15 分页样品文档

图 11-16 操作面板

图 11-17 操作面板

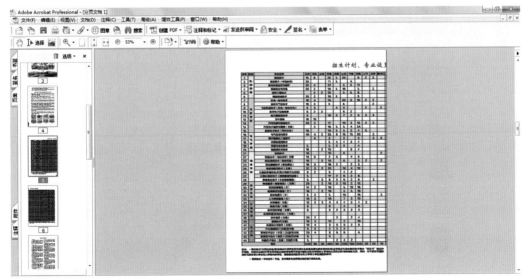

图 11-18 分页操作结果

4）第一页的连版图通常为封底，如图 11-19 所示，所以在拼版之前，我们需要重新调整页面的顺序，将分页后的第一页，也就是封底，移动到文档的尾页，所以我们需要进一步操作，选择"页面工具"中的"移动页面"，面板操作如图 11-20 所示。

具体操作如图 11-21 所示。

操作结果如图 11-22 所示。

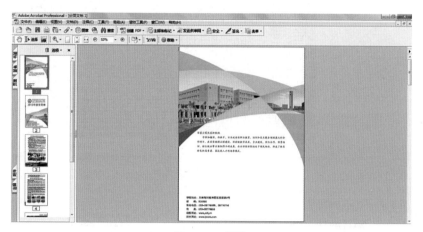

图 11-19　样例

图 11-20　操作面板

图 11-21　操作面板

图 11-22　最终完稿

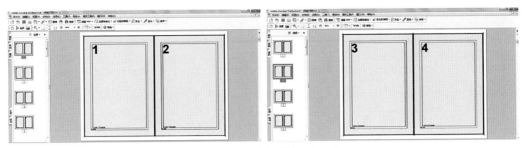

图 11-23 通过折手拼版的结果

11.2.4 胶装书册拼版

在掌握分页功能后，我们进一步讨论书册的拼版，在书册拼版中，胶装书册拼版是日常中比较常见书籍的一种拼版形式，单纯讨论拼版而言，它的操作方法同样适用于铁环装、卡条装等平订形式。

对于份数为两份或是偶数份的文件，我们可以采用之前讲过的"连拼"拼版形式，但在实际工作中，有很多单本的情况，如果采纳"折手"的拼版方式，虽然可以完成拼版任务，但是由于第一页和第二页在一个印张上，第三页和第四页在一个印张上，如图 11-23 所示。以此类推，所以在后期装订的过程中需要配页，这样会降低工作的效率。

所以我们采用一种专门针对此类情况提供的功能"分订合装"，"分订合装"指的是在拼版完成后，将一侧的文件覆盖到另一侧文件后即成一册，无须再次配页。

图 11-24 更便于后期
操作的拼版结果

以一个 8 页的文件为例，以"分订合装"单面堆叠的形式拼合后，左侧文件依次为第一页、第二页、第三页、第四页，右侧文件依次为第五页、第六页、第七页、第八页，所以第一页和第五页在一个印张上，第二页和第六页在一个印张上，第三页和第七页在一个印张上，第四页和第八页在一个印张上，如图 11-24 所示，这样就给后期制作带来了极大的方便。

1）首先我们先建立一个样本，尺寸为 297mm×210mm，数量为 48 页，如图 11-25 所示。

2）具体操作如图 11-26、图 11-27、图 11-28 所示。

选择"书册"选项，再下个页面中点击"显示高级选项"，之后弹出的页面便能设置页张边距大小和裁切标记的大小。我们这里选用的页张边距为 3mm，裁切标记的长度为 3mm，裁切标记宽度为 0.13mm。

操作结果如图 11-29 所示。

当然，请勿忘记将页面尺寸扩展到有效打印尺寸，这里不再重复演示。

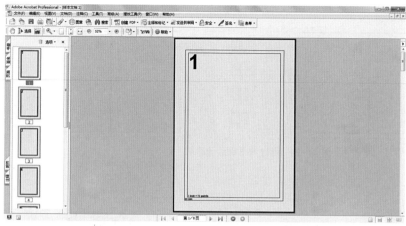

图 11-25　样品文档

图 11-26　操作流程

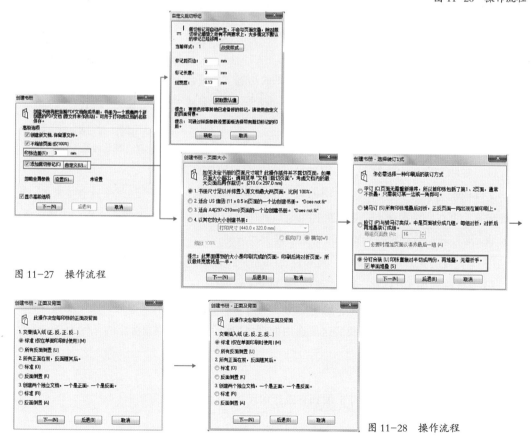

图 11-27　操作流程

图 11-28　操作流程

图 11-29　操作结果

11.2.5　"骑马钉"装订书册拼版

"骑马钉"装订书册拼版也是常见书籍的一种拼版，其要求是书籍页数不是太多和最终页数一定要是 4 的倍数，"骑马钉"装订书册比胶装书册便于翻阅。

1）首先建立一个书册的样品，尺寸为 297mm×210mm，数量为 48 页，如图 11-30 所示。

2）具体操作如图 11-31、图 11-32、图 11-33 所示。

选择"书册"选项，在下个页面中点击"显示高级选项"，之后在弹出的页面中便可设置页张边距大小和裁切标记的大小。我们这里选用的页张边距为 3mm，裁切标记的长度为 3mm，裁切标记宽度为 0.13mm。

操作结果如图 11-34 所示（其余页面省略）。

当然，请勿忘记将页面尺寸扩展到有效打印尺寸，这里不再重复演示。

图 11-30　骑马钉样品文档

图 11-31　操作流程

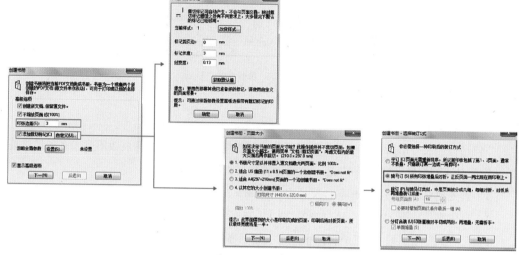

图 11-32　操作流程

图 11-33　操作流程

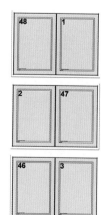

图 11-34
操作结果

项目小结

1）掌握 Quite Imposing Plus 拼版插件的基本使用方法；

2）掌握相同内容的单页拼版（名片）与不同内容的单页拼版（明信片）的设置方法；

3）熟练使用分页命令，分页后正确排布页面顺序；

4）掌握胶装书册拼版中"分装合订"命令的设置；

5）骑马钉书册的页数必须是 4 的倍数才能正确进行拼版设置。

课后练习

使用 Quite Imposing Plus 拼版插件完成 16 页"骑马钉"装订书册的拼版制作。

项目十二　可变数据制作实训

项目任务

使用 InDesign 软件和 Excel 软件完成文件中"可变数据"的制作。

通过本项目的实训，使学生掌握使用 InDesign 软件配合数据源进行数码印刷可变数据制作的正确操作方法与制作流程。

重点与难点

1）制作文件模板并导入 InDesign 软件；

2）在 Excel 软件中设置可变数据，存为"CSV"格式；

3）使用"数据合并"将"CSV"格式合并到 InDesign 软件中；

4）将设置好的文件正确导出为"PDF"格式。

建议学时

8 学时。

12.1　制作可变数据模板

在具体制作可变数据业务之前，我们需要设计一个模板，作为未来所有页面的框架，如图 12-1 所示。

在上面的示例中，"001"是可变数据的具体操作部分，我们需要制作一套文件，从编号"001"开始，直至"012"，总计 12 张标签。

在设计模板后，我们需要将可变部分删除，形成可变数据的底稿，如图 12-2 所示。

图 12-1　模板效果   图 12-2　底稿效果

12.2　设置文件中的可变数据

12.2.1　将模板置入 InDesign 软件中

这样我们就可以在 InDesign 中，逐步展开号码依次变化的操作了。

首先，我们需要打开 InDesign 软件，建立一个与模板尺寸相同的页面，具体操作如图 12-3 所示。

置入模板，操作结果如图 12-4 所示。

新建一个图层，命名为"可变图层"，准备置入可变数据的底图，具体操作结果如图 12-5 所示。

在"可变图层"中，置入可变数据底图，由于两张图片完全重叠，所以结果仍与上一步相同，此时须锁定参考图层，即首次建立的图层，防止在制作中误选样例图层，带来不必要的麻烦，操作结果如图 12-6 所示。

图 12-3　建立与模板尺寸相同的页面

图 12-4　置入可变数据模板作为制作参考图

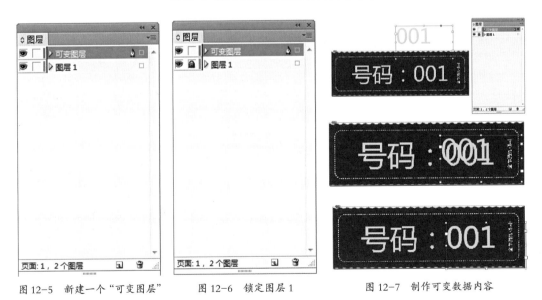

图 12-5　新建一个"可变图层"　　　图 12-6　锁定图层 1　　　图 12-7　制作可变数据内容

　　在软件中，制作可变数据部分，选择同样的字体和字号，并根据样图进行对齐操作，操作过程如图 12-7 所示。

　　最后，删除模板文件，导入底图，即完成可变数据设计准备工作，结果如图 12-8 所示。

图 12-8 可变数据设计制作结果

12.2.2 使用 Excel 软件制作可变数据源

既然称之为可变数据，肯定有部分数据是按照某种规律进行变化的，现在我们开始制作用于变化的数据源，先前提到过，我们要让号码从"001"变化到"012"，现在我们新建一个 Excel 文档和一列数据，数据的第一个单元格作为数据列的名称，我们取名为"NO"，操作结果如图 12-9 所示。设置完成后，将文件存储为"CSV"格式，关闭文档。

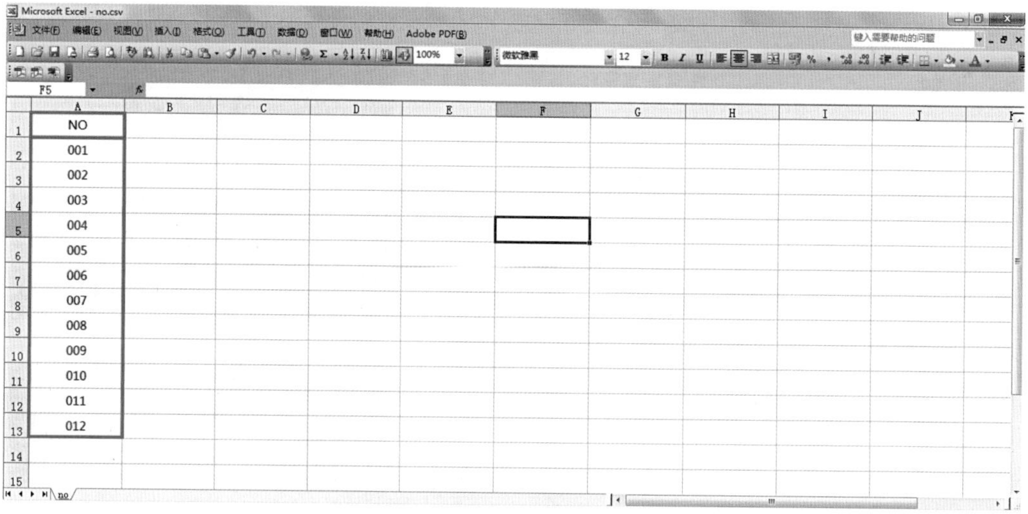

图 12-9 新建 Excel 文档并设置参数

12.2.3 在 InDesign 软件中进行数据合并

现在，我们将数据源文件准备完成，下面进入数据合并操作。

回到 InDesign 文件，打开"数据合并"操作面板，如图 12-10 所示。

选择数据源，操作如图 12-11 所示。

选择我们刚制作的"可变数据源 .csv"文件，双击选中，具体操作如图 12-12 所示。

此时在"数据合并"面板中，已经添加了新的数据源——"可变数据源 .csv"文件，同时面板已经罗列出可使用的数据源，"NO"数据列，具体情况如图 12-13 所示。

双击选中需要变化的文字内容，如图 12-14 所示。

选中需要的数据源，并且勾选"预览"按钮，此时数据源与文字内容已经合并，通过点击下部的播放按钮，可以看到可变数据的操作结果，如图 12-15 所示。

连续预览效果如图 12-16 所示。

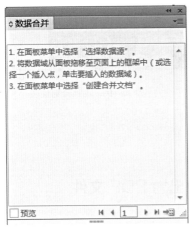

图 12-10   数据合并操作面板

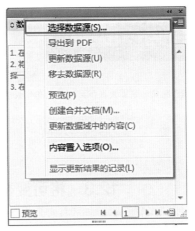

图 12-11   选择数据源

图 12-12   选择"可变数据源 .csv"文件

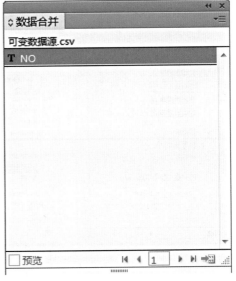

图 12-13   可使用的数据源文件和数据列

图 12-14　选中需要变化的文字内容

图 12-15　完成数据合并，预览具体效果

图 12-16　连续预览效果

12.3　将可变数据正确导出为 PDF 文件

至此我们已经完成了绝大部分的可变数据操作，最后需要将文件导出到 PDF 文件，具体操作如图 12-17 所示。

打开导出的 PDF 文件，最终效果如图 12-18 所示。

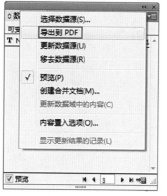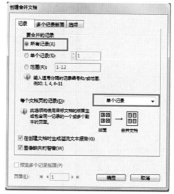

图 12-17　PDF 文件导出操作流程

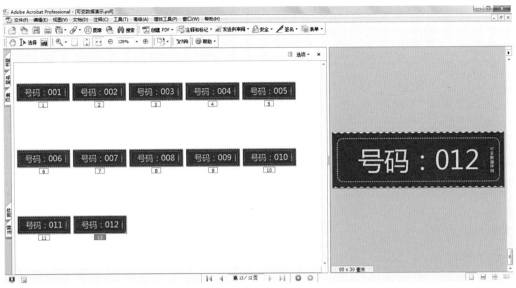

图 12-18 最终结果

项目小结

1）制作一个底图模板；

2）将模板导入 InDesign 软件，并设置可变数据的位置；

3）使用 Excel 软件建立一个可变数据列表，存储为"CSV"格式；

4）在 InDesign 软件中合并数据，置入"CSV"格式文件，完成可变数据设置；

5）将设置好可变数据的文件导出为 PDF 文件。

课后练习

使用 InDesign 软件和 Excel 软件，制作 20 张 IC 卡可变数据，编号为"001-020"。